Florian Pressler

Sich durchsetzen ohne Ellenbogen

ÖKOLOGISCHE
VERANTWORTUNG

FLORIAN PRESSLER

Sich durchsetzen ohne Ellenbogen

Wie Sie von anderen bekommen, was Sie wollen, ohne Porzellan zu zerschlagen

Externe Links wurden bis zum Zeitpunkt der Drucklegung des Buches geprüft. Auf etwaige Änderungen zu einem späteren Zeitpunkt hat der Verlag keinen Einfluss. Eine Haftung des Verlags ist daher ausgeschlossen.

Ein Hinweis zu gendergerechter Sprache: Die Entscheidung, in welcher Form alle Geschlechter angesprochen werden, obliegt den jeweiligen Verfassenden.

Bibliografische Information der Deutschen Nationalbibliothek
Die Deutsche Nationalbibliothek verzeichnet diese Publikation in der Deutschen Nationalbibliografie; detaillierte bibliografische Daten sind im Internet über http://dnb.d-nb.de abrufbar.

ISBN 978-3-96739-185-5

Lektorat: Ulrike Hollmann
Umschlaggestaltung: Stephanie Böhme, Roth | www.stephanieboehme.de
Autorenfoto: Martin Augsburger
Satz und Layout: Zerosoft, Timisoara (Rumänien)
Druck und Bindung: Salzland Druck, Staßfurt

Wir drucken in Deutschland.
www.gabal-verlag.de
www.gabal-magazin.de
www.facebook.com/Gabalbuecher
www.twitter.com/gabalbuecher
www.instagram.com/gabalbuecher

Inhalt

Durchsetzungsfähigkeit zum Reinhören (Audio-Download)

Der Autor liest kurze Stellen aus dem Buch, berichtet von eigenen Erfahrungen und verrät seine ganz persönlichen Erfolgsgeheimnisse für schwierige Fälle.

Scannen Sie den QR-Code und registrieren Sie sich auf dem GABAL eCAMPUS um zu hören, was Florian Pressler selbst für die wichtigsten Tipps und Anti-Ellenbogen-Strategien hält.

https://gabal-ecampus.de/downloads/course/lesung-sich-durchsetzen-ohne-ellenbogen-

1. Durchsetzungsfähigkeit: Was ist das eigentlich?

Kennen Sie das? Ein Bekannter bittet Sie um Hilfe bei einem Umzug. Sie hatten sich eigentlich auf ein freies Wochenende gefreut, das Sie nach einer harten Arbeitswoche dringend brauchen. Außerdem halten Sie die Bitte für eine ziemliche Zumutung, denn so gut sind Sie mit dieser Person ja nun auch wieder nicht befreundet. Trotzdem hindert Sie ein geheimnisvoller Mechanismus in Ihrem Gehirn daran, auszusprechen, wo Ihre Bedürfnisse liegen – und schon verbringen Sie das Wochenende damit, Kisten zu schleppen.

Sie stehen in der Schlange an der Supermarktkasse. Während sich die Schlange vorwärtsbewegt und Sie in Gedanken noch einmal die Zutatenliste für den Seesaibling auf Limettenschaum durchgehen, bildet sich eine kleine Lücke. Und schwups hat sich ein anderer Kunde in diese Lücke hineingedrängt. „Dem mache ich klar, dass das so nicht geht“, hören Sie eine innere Stimme sagen und beginnen, sich die passenden Worte zurechtzulegen. Aber während Sie noch nach den richtigen Worten suchen, verstreicht der Moment, in dem Sie einen Kommentar noch für angemessen halten – und Sie sagen schließlich: nichts.

Bei einer Besprechung sind Sie eindeutig derjenige mit der größten fachlichen Expertise – nur eben leider nicht derjenige, dem man am aufmerksamsten zuhört. Ehe Sie sichs versehen, haben andere, weniger kompetente Kollegen schon die Wortführerschaft an sich gerissen. Sie versuchen, mit einem letzten sachlichen Einwand noch das Schlimmste zu verhindern. Aber ohne Erfolg, denn auch Ihre Kollegen halten sich für Experten – und ein echter Experte lässt sich durch Fakten keinesfalls ablenken. Schon nach dem ersten Satz werden Sie eiskalt abgebügelt. Nun müssen

Sie mit einem Ergebnis leben, von dem Sie wissen, dass es nicht funktionieren wird.

Ich wette, dass Ihnen mindestens eine Situation einfällt, in der es Ihnen so oder so ähnlich ergangen ist. Wie fühlen Sie sich in solchen Situationen? Vermutlich nicht besonders gut. Ihre inhaltlichen Ziele haben Sie nicht erreicht, und Ihnen bleibt das Gefühl, von anderen benutzt, übergangen und in Ihren Rechten verletzt worden zu sein. Vielleicht ärgern Sie sich auch, weil Sie Ihren eigenen Erwartungen nicht gerecht geworden sind. Schließlich hatten Sie ja den Impuls, sich mit Ihren Anliegen durchzusetzen. Sie haben es nur eben einfach nicht getan oder es ist Ihnen nicht gelungen.

Auf einer Skala von unangenehmen Dingen rangieren fehlgeschlagene Versuche, sich in wichtigen Angelegenheiten durchzusetzen, für die meisten Menschen ziemlich weit oben – schätzungsweise irgendwo zwischen Kakerlaken im Frühstücksmüsli und der Vorstellung, Darth Vader zum Vater zu haben. Und trotzdem scheitern so viele Menschen mit schöner Regelmäßigkeit daran, erfolgreich für die eigene Idee oder Sache einzustehen.

Nur damit keine Missverständnisse aufkommen: Niemand ist in der Lage, sich immer und in allen Fragen durchzusetzen. Zu versuchen, die Dinge ganz grundsätzlich immer nach dem eigenen Willen zu gestalten, wäre auch sicher nicht förderlich. Wer ständig auf seinem Standpunkt beharrt, die Ellenbogen ausfährt, die Interessen anderer ignoriert und Druck ausübt, der isoliert sich schnell und steht am Ende allein da. Druck erzeugt Gegendruck. Der Versuch, immer den eigenen Willen durchzuboxen, endet langfristig damit, dass man überall auf Granit beißt und sich nirgendwo mehr durchsetzen kann.

Niemand kann sich immer durchsetzen

Den eigenen Willen hin und wieder nicht durchsetzen zu können, ist in etwa wie ein kurzer Stromausfall bei der Übertragung eines wichtigen Fußballspiels: ausgesprochen unangenehm – aber letztendlich doch ein Einzelfall, der vorübergeht. Viele Menschen erleben mangelnde Durchsetzungsfähigkeit aber nicht als Einzelfall, sondern mit einer Regelmäßigkeit, die nah an die der

Werbepausen im Privatfernsehen herankommt. Und genau wie diese Werbepausen interessante Sendungen stören, durchkreuzt und verdirbt mangelndes Durchsetzungsvermögen die schönsten Erlebnisse und Vorhaben.

Wenn sich das Gefühl, ignoriert zu werden, allzu oft in Ihnen breitmacht und Sie feststellen, dass Ihre Wünsche regelmäßig übergangen werden, ist es vielleicht an der Zeit, etwas zu verändern. Machen Sie sich auf den Weg, eine durchsetzungsstarke Persönlichkeit zu werden!

Voraussetzung: Achtung gegenüber sich selbst und anderen

Durchsetzungsfähigkeit ist für mich die Fähigkeit, den eigenen Standpunkt selbstbewusst zu vertreten und bei anderen Respekt dafür zu gewinnen. Das hat nichts mit Ellenbogen- oder Dampfwalzenmentalität zu tun. Ganz im Gegenteil: Es geht um Achtung gegenüber sich selbst und gegenüber anderen. Diese Form der Durchsetzungsfähigkeit sorgt immer auch für ein Gleichgewicht in den Beziehungen zwischen Menschen. Ich bekomme, was mir besonders wichtig ist, erkenne aber auch die Bedürfnisse des anderen an. Nur wer die eigenen Interessen und die Interessen seines Gegenübers im Auge behält und auf Augenhöhe darüber verhandelt, hat langfristig Erfolg.

Das bedeutet manchmal auch, Standpunkte aufzugeben und Kompromisse zu schließen. Wer durchsetzungsfähig ist, muss sich nicht immer durchsetzen. Er kann auch die Entscheidung treffen, dem anderen den Vortritt zu lassen. Aber dann ist das eine bewusste Entscheidung aus einer souveränen Grundhaltung heraus – und kein Automatismus. Es ist nichts, was einfach so passiert und uns verdutzt aus der Wäsche schauen lässt. Und es ist die Ausnahme, nicht die Regel.

Sich durchsetzen ist eine Schlüsselkompetenz

Die Fähigkeit, sich ohne Ellenbogen durchzusetzen, ist eine der Schlüsselkompetenzen des 21. Jahrhunderts. Gerade im Job wird diese Fähigkeit immer wichtiger. Fach- und Führungskräfte können in unserer neuen Arbeitswelt mit ihren flachen Hierarchien und projektbezogenen Aufgabenstellungen nicht einfach mit Anweisungen um sich werfen und von oben herab durchregieren. Sie müssen als Person Autorität ausstrahlen, ohne dass ihre Position ihnen diese Autorität verleiht. Sie müssen Forderungen durchsetzen, ohne direkt weisungsberechtigt zu sein. Und sie dürfen für das Erreichen ihrer immer ehrgeizigeren Ziele die persönliche Beziehung zu Kollegen und Mitarbeitern nicht über Gebühr belasten. Das Team gewinnt. Bricht das Team auseinander, weil ausschließlich die Sachziele im Fokus stehen und der Mensch aus dem Blickfeld gerät, dann verlieren alle.

Was können Sie tun, um in diesem Sinne durchsetzungsfähiger zu werden? Und warum scheitern wir im Alltag so oft daran, uns durchzusetzen, obwohl wir es uns so sehr vorgenommen haben? Wie genau geht es, sich ohne Ellenbogen durchzusetzen? Das Buch, das Sie gerade in den Händen halten, gibt Antworten auf diese Fragen und wird Ihnen ein Begleiter auf Ihrem Weg zu einer durchsetzungsstarken Persönlichkeit sein.

2. Die innere Haltung: Wahre Durchsetzungsfähigkeit kommt von innen

Wo sollten Sie Ihren Weg zu einer durchsetzungsstarken Persönlichkeit beginnen? Was ist der erste Schritt? Wenn Sie sich in einer bestimmten Situation durchsetzen wollten und das nicht geklappt hat, werden Sie vermutlich automatisch damit beginnen, zu hinterfragen, was Sie in dieser Situation gesagt und getan haben. Sie werden über Ihre Wirkung nach außen nachdenken. Und das ist sicherlich nicht falsch.

Ich möchte Sie trotzdem einladen, zuallererst über Ihre innere Haltung nachzudenken. Was wir tun und sagen, ist immer ein Ausdruck dessen, was wir denken und fühlen. Unsere Gedanken und Gefühle bestimmen, wie wir nach außen wirken.

In den folgenden Kapiteln geht es darum, was genau unter einer durchsetzungsstarken Haltung zu verstehen ist. Sie erfahren, warum es häufig passive oder aggressive Automatismen sind, die unser Handeln steuern, und wie Sie diese Automatismen durchbrechen können.

Betrachten wir die Schwierigkeit, sich durchzusetzen, doch zunächst einmal an einem (zugegebenermaßen klischeehaften und stark überzeichneten) Beispiel.

Wie es nicht gelingt, sich durchzusetzen

Tina ist heute noch früher als sonst im Büro. Schließlich steht eine Teambesprechung an, auf der über ein neues System zur Dokumentenablage entschieden werden soll – und dieses Thema ist Tina gleich aus drei Gründen wichtig. Zum einen waren gerade letzte Woche wieder wichtige Unterlagen unauffindbar, wodurch ein echter Schaden entstanden ist. Zum anderen ist Tina sehr IT-affin und weiß, wie viel Arbeitszeit gespart werden könnte, wenn eine elektronische Ablage eingeführt würde. Und drittens bleibt die Ablage überdurchschnittlich häufig an ihr hängen, und auch wenn Dokumente herausgesucht werden müssen, fragen die Kollegen meistens bei ihr nach.

Das hört sich dann häufig so an: „Ach, Tina, ich bräuchte ganz dringend die Unterlagen von Herrn Schmidt – sonst komme ich hier gar nicht mehr weiter. Könntest du mal schnell schauen?" Nun steckt Tina in einem Dilemma. Eigentlich hat sie genug eigene Arbeit und das Sichten staubiger Papierstapel ist nicht Teil ihres Arbeitsvertrages. Aber wenn sie sich jetzt nicht auf die Suche nach den fehlenden Unterlagen macht, dann macht sich niemand auf die Suche. Und dann kommt es zu Fehlbuchungen oder peinlichen Situationen bei Kundenterminen – und das ganze Team muss es ausbaden. Tina will Nein sagen – und macht sich an solchen Tagen dann meistens doch auf den Weg in das kleine fensterlose Archiv-Zimmerchen, um sich die Finger wund zu blättern.

Aber Gott sei Dank könnten die finsteren Zeiten im fensterlosen Archiv bald der Vergangenheit angehören. Schließlich ist das digitale und papierlose Büro heutzutage in aller Munde, und auch in Tinas Firma gibt es Abteilungen, die schon auf ein elektronisches Ablagesystem umgestellt haben. „So etwas brauchen wir auch!", findet Tina. Sie hat sich über den Preis einer Scanner-Station informiert (ist gar nicht so teuer!) und sich über Wochen ihre Argumente zurechtgelegt.

Jeder in der Abteilung würde seine Dokumente im papierlosen Office selbst scannen und nach einer gemeinsamen Systematik auf einem Server ablegen. Die Ablage würde so nicht immer nur an einem einzelnen Mitarbeiter hängen bleiben. Und jeder hätte Zugriff auf den gemeinsamen Server, sodass Dokumente in Sekundenschnelle durch eine Volltextsuche gefunden werden könnten. Bei einer Umstellung auf ein papierloses Büro gewinnen in diesem Team offensichtlich alle. Tina jedenfalls ist von ihrer Sache überzeugt.

Deshalb hat sie das Thema „Ablage“ auch auf die Agenda des heutigen Meetings setzen lassen. Normalerweise überlässt sie es den anderen, die Themen festzulegen, aber diesmal brennt es ihr wirklich unter den Nägeln. Sie ist nun auch schon vor allen anderen da – und bereitet den Kaffee für die Besprechung vor.

Wie jedes Meeting, so beginnt auch dieses mit der Frage von Teamleiterin Frau Schneider, wer sich um das Protokoll kümmert. Kaum ist die Frage ausgesprochen, schlägt die muntere Plauderei der Kollegen in betretenes Schweigen um. Einige blättern eifrig in ihren Unterlagen, als hätten sie etwas ganz Wichtiges zu lesen vergessen. Es herrscht eine peinliche Stille.

Wer anderen alles Lästige abnimmt, ist nie ohne Arbeit

Tina empfindet solche Situationen als unangenehm. „Die verhalten sich wie kleine Kinder“, schießt es ihr durch den Kopf. „Wenn sich alle wegducken, kommen wir doch keinen Schritt vorwärts!“ Dann bewegt sich ihre Hand zögerlich nach oben. „Klasse, dass du das machst, Tina!“, hört sie Frau Schneider sagen und ärgert sich im gleichen Moment darüber, dass diese lästige Arbeit schon wieder an ihr hängen bleiben wird.

Zwei Stunden und circa zwanzig Agenda-Punkte später neigt sich das Meeting dem Ende entgegen. „Was also stand heute noch unter ‚Sonstiges‘ auf der Agenda?“, fragt Frau Schneider. „Ach ja, die Neustrukturierung der Ablage. Dann schieß mal los, Tina!“

Auf diesen Moment hat Tina schon seit zwei Wochen hingefiebert und vor lauter Aufregung beginnen sich kleine rote Flecke an ihrem Hals abzuzeichnen. „Also, ich würde gern vorschlagen, dass man eventuell statt der alten Papierablage eine Scanner-Station anschaffen und unsere Unterlagen digital abspeichern könnte, wenn sonst nichts dagegenspricht. So ein Scanner ist auch gar nicht so teuer und wir könnten ...“

„Wie viel würde so ein Ding denn kosten?“, unterbricht Angelika, die dienstälteste Kollegin in der Runde, als Tina gerade zu ihrer Nutzenargumentation ausholen möchte. „Na ja, so um die 3000 Euro müssten wir leider für so etwas schon ausgeben. Ich weiß, das ist viel Geld und wir haben ein enges Budget. Aber dafür könnten wir ..."

„3000 Euro ist doch schon ganz schön viel – vor allem wenn man bedenkt, dass unser altes System ja problemlos funktioniert", hakt sich Anke ein, und Thorsten pflichtet ihr bei – obwohl keiner der beiden im Ruf steht, ein besonders inniges Verhältnis zu Aktenordnern zu pflegen.

Ich bin mir sicher, Sie ahnen bereits, wie sich die weitere Diskussion entwickeln und was dabei herauskommen wird. Tina wird noch ein paarmal versuchen, ihre Sicht der Dinge darzulegen, um sich dann aufs Neue unterbrechen zu lassen. Wie Tina mit unhöflichen Unterbrechungen umgehen kann, weiß sie nicht. Dass sie selbst den Faden noch einmal aufgreifen sollte, auch wenn andere Kollegen suggerieren, dass das Thema „durch" ist, kommt ihr nicht in den Sinn (siehe Kapitel 5, *Sich durchsetzen und argumentieren im Meeting*). Vermutlich wird Tina am Ende klein beigeben und auf ihre Scanner-Station verzichten – auch wenn es ihr bestimmt einige schlaflose Nächte bereitet, wie diese Teambesprechung gelaufen ist.

Vielleicht hat Tina im Laufe der Sitzung aber auch irgendwann genug, weil ihr die Sache wirklich wichtig ist und ein letzter Tropfen das Fass zum Überlaufen bringt. Zum Beispiel, wenn Rainer so etwas von sich gibt wie: „Jetzt lass doch mal diese technischen Spielereien, Tina. Ich habe wirklich wichtige Projekte auf dem Schreibtisch und für deinen Scanner-Schnickschnack weder Zeit noch Ressourcen. Wenn du Zeit für solches Trallala hast, dann ist das schön für dich – aber ich hab wirklich viel zu tun!"

Jetzt reicht es Tina. Sie steht auf, stemmt die Hände in die Hüfte und faucht ein lautstarkes „Was denkt ihr euch eigentlich?" in die Runde. Dann schleudert sie ihren Kollegen wutentbrannt all die Argumente entgegen, die sie bisher nicht anbringen konnte – und alles, was ihr sonst noch seit Monaten auf der Seele brennt. So emotional und unsachlich kennt man Tina gar nicht, denkt sich der ein oder andere Kollege, und Tina erntet nur Verwunderung und Unverständnis. „Was ist denn

„Was denkt ihr euch eigentlich?" – sollte man nur denken

mit der plötzlich los? Wir haben uns doch nur ganz normal unterhalten ... So eine Zicke!"

So oder so – Tina bekommt nicht, was sie möchte. Die Mission, sich erfolgreich durchzusetzen, ist gescheitert, noch bevor sie richtig begonnen hat. Und das, obwohl ihr die Sache doch so wichtig war. „So etwas passiert mir nie wieder!", schluchzt sie abends in den Telefonhörer und klagt ihrer besten Freundin Tanja ihr Leid: „Was habe ich denn nur falsch gemacht?"

„Habe ich so ein ‚*Das passiert mir nie wieder!*' nicht schon ein paarmal von dir gehört?", antwortet Tanja. „Wahrscheinlich hast du den Tag wieder einmal damit begonnen, für alle Kaffee zu kochen, oder?", schiebt sie hinterher. „Auf der anderen Seite hast du endlich einmal ausgesprochen, was dich stört und was dir wichtig ist. Du hast dich getraut – das ist doch schon einmal gut. Ich denke, es ist einfach schwer, eine Sache durchzusetzen, wenn man es sonst immer allen recht machen möchte und nie für sich selbst und seine Ideen einsteht. Irgendwann haben sich dann alle daran gewöhnt, dass man dich übergehen darf. Außerdem macht ja bekanntlich Übung den Meister. Und wenn du bei den kleinen alltäglichen Dingen immer den anderen den Vortritt lässt, dann hast du wenig Übung darin, dich durchzusetzen. Und das bedeutet: Sobald es dir dann ein einziges Mal um etwas geht, was dir wirklich wichtig ist, sind deine Erfolgsaussichten nicht besonders gut."

Verhalten und Haltung: Der passive und der aggressive Autopilot

Tanjas Analyse trifft den Nagel auf den Kopf: Durchsetzungsfähigkeit ist kein (von der Situation abhängiges) Verhalten, sondern eine (langfristige) innere Haltung. Denken Sie an eine durchsetzungsstarke Person, die Sie kennen. Verhält sich diese Person nur in bestimmten Situationen durchsetzungsstark? Also zum Beispiel nur beim wöchentlichen Jour fixe im Büro, um sich dann für den Rest der Woche von allen auf der Nase herumtanzen zu lassen? Oder setzt sie sich nur im beruflichen Kontext durch und verwandelt sich in ein schüchternes kleines Mäuschen, sobald sie mit Freunden oder der Familie unterwegs ist? Ich denke: Nein! Die Person, an die Sie denken, wird vermutlich in allen Lebensbereichen ihre Frau oder ihren Mann stehen. Das heißt nicht, dass diese Person in jeder Situation darauf bestehen wird, die erste Geige zu spielen. Gut möglich, dass sie sich auch einmal bewusst zurücknimmt und anderen den Vortritt lässt. Aber auch in solchen Situationen wird sich diese Person nicht kleinmachen – und Sie werden diese durchsetzungsfähige innere Haltung als Teil der Persönlichkeit dieses Menschen wahrnehmen.

Warum ist es wichtig, zwischen Haltung und Verhalten zu unterscheiden? Weil wir nicht glaubwürdig sind, wenn wir langfristig eine bestimmte Haltung an den Tag legen und uns dann plötzlich in einer Situation vollkommen anders verhalten, als andere – und wir selbst – es von uns gewohnt sind.

Haltung und Verhalten

Stellen Sie sich durchsetzungsstarke Kommunikation als ein Set an Werkzeugen vor. Sie werden diese Werkzeuge in diesem Buch nach und nach kennenlernen. Aber sie einfach nur zu kennen, reicht nicht aus. Jemand, der diese Werkzeuge jahrelang nicht benutzt und sie sich nur für Notfälle zugelegt hat, wird nicht besonders geschickt damit umgehen, wenn der Notfall eintritt. Für Tina ist das Teammeeting eine Art von Notfall. Hier möchte sie endlich einmal bekommen, was ihr wichtig ist. Doch plötzlich bilden sich die kleinen roten Flecke an ihrem Hals, die jedem zeigen, wie nervös sie ist, und die ihre Position ganz sicher nicht stärken. Und obwohl sich Tina ihrer Sache doch gerade noch so sicher war, klingen ihre Worte plötzlich sehr unsicher, als sie zu reden beginnt.

Tinas innere Haltung ist nicht durchsetzungsstark und das wird sehr schnell für alle sichtbar – ob sie es will oder nicht. Sich nur in Ausnahmesituationen durchzusetzen, funktioniert eben leider nur in den seltensten Fällen.

Werfen wir einen Blick auf Tinas innere Haltung (das heißt auf ihr langfristiges und situationsunabhängiges Verhaltensmuster und die Gedanken, die diesem Muster zugrunde liegen).

Tina fällt es grundsätzlich schwer, ihre eigenen Bedürfnisse zu äußern und die Forderungen anderer zurückzuweisen. Ihre Haltung ist passiv. Sie lässt im Normalfall andere bestimmen und nimmt hin, was dabei herauskommt. Das oben angesprochene Set an Werkzeugen zur Durchsetzung ihrer Interessen (über das Tina durchaus verfügt) nimmt sie so gut wie nie in die Hand, und sie hat schon fast vergessen, dass es diese Werkzeuge in ihrem Werkzeugkoffer überhaupt gibt.

Eine passive innere Haltung beginnt, wie alles, im Kopf und fußt auf Überzeugungen, die sich im Laufe der Zeit so tief in uns festgesetzt haben, dass wir gar nicht auf die Idee kommen, sie zu hinterfragen. Tina glaubt, sie müsste tun, worum andere sie bitten, um gemocht zu werden. Auch glaubt sie, es würde ihr negativ ausgelegt, wenn sie sich in den Mittelpunkt stellt oder darauf besteht, ausreden zu dürfen. Der Gedanke, sich selbst gegen andere durchzusetzen, kommt ihr egoistisch vor. Lieber geht sie Konflikten aus dem Weg. Schlicht und ergreifend deshalb, weil sie es schon immer so gemacht hat und es zu einer Gewohnheit geworden ist.

Überzeugungen und Glaubenssätze als Basis

Tinas passive Verhaltensweisen sind schon so oft wiederholt worden, dass sie oft unwillkürlich und ganz automatisch ablaufen. In etwa so automatisch wie bei anderen Menschen das Schuhebinden. Sie nehmen die Schnürsenkel in die Hand und schon haben Sie eine Schleife vor sich. Wenn Sie die Schnürsenkel nun aber weglegen und ganz abstrakt erklären müssen, wie Sie das mit der Schleife gemacht haben, dann wird Ihnen das schwerfallen. Letztendlich binden Ihre Hände die Schleife im Normalfall ja ganz von selbst, ohne dass Sie darüber nachdenken würden, wie genau Ihnen das gelingt.

So geht es Tina auch, wenn sich ihr Arm hebt und sie sich in der Rolle der Protokollantin wiederfindet. Sie hat keine bewusste Entscheidung getroffen, sondern ist automatisch einem Muster gefolgt, das tief in ihr verankert ist. Sie hat sich von einem auf Passivität programmierten Autopiloten steuern lassen.

Der Autopilot entscheidet

Dass wir solche Automatismen bei uns selbst meistens nicht erkennen, liegt daran, dass wir unser Handeln rationalisieren. So wie Tina, die das Wegducken der Kollegen bei der Frage nach einem freiwilligen Protokollführer kindisch findet und glaubt, im Sinne des ganzen Teams Verantwortung übernehmen zu müssen, indem sie sich meldet. Wenn wir ganz ehrlich mit uns selbst sind, geht der Reflex, in einer bestimmten Art und Weise zu handeln, in solchen Fällen meist der Rationalisierung voraus. Zuerst kommt der Impuls, die Protokollführung zu übernehmen. Erst danach kommt die gedankliche Begründung: „Ich muss es tun, sonst kommen wir nicht vorwärts!" Auch wenn wir im Nachhinein Vernunftgründe für unser Handeln anführen: Im Moment der Entscheidung steuert uns oft der Autopilot.

Natürlich ist das Ergebnis eines solchen automatisierten Nachgebens für Tina nicht optimal. Im Alltag empfindet sie das aber als nicht allzu schlimm. Schließlich geht es ja meistens um Kleinigkeiten. So aufwendig ist es ja auch wieder nicht, Protokoll zu führen oder die Akte von Herrn Schmidt aus den Hunderten von Ordnern im fensterlosen Archiv-Räumchen herauszusuchen. Und wenn Tina ihrer Kollegin Angelika die richtige Akte schließlich auf den Schreibtisch legt und Angelika ihr dafür ein „Vielen Dank! Du bist meine Rettung!" entgegenlächelt, fühlt sich das gut an. Wenn Tina sich passiv verhält, dann befindet sie sich in ihrer Komfortzone. Menschen fühlen sich sicher und gut, solange sie sich in ihrer Komfortzone bewegen. Allerdings wachsen weder ihre Persönlichkeit noch ihre Fähigkeiten, wenn sie sich dauerhaft in ihre Komfortzone zurückziehen.

Dass Tina einen hohen Preis für dieses gute Gefühl bezahlt, ist ihr gar nicht bewusst. Tätigkeiten zu übernehmen, die niemand anderes übernehmen möchte, ist nämlich mit einem niedrigen Status verbunden und wirkt auf das eigene Ansehen in der Gruppe zurück. Wer sich regelmäßig für solche Aufgaben heranziehen lässt oder sie ungefragt übernimmt, den ordnen andere in ihrer gedanklichen Hierarchie ziemlich weit unten ein. Sie glauben mir nicht? Dann überlegen Sie mal,

Tätigkeiten mit niedrigem Status prägen

ob Sie es angemessen fänden, wenn Olaf Scholz für die Ministerrunde Dokumente sortieren oder Kaffee kochen würde.

Es sind solche Kleinigkeiten, an denen wir Status festmachen – und das passiert ganz unbewusst. Lässt sich eine Person von anderen unterbrechen und gibt das Wort ab oder verschafft sie sich Respekt und führt ihren Punkt zu Ende? Lässt sie sich von anderen wegschicken, um noch schnell Kopien zu machen, oder besteht sie höflich, aber bestimmt darauf, dazubleiben und an der Diskussion teilzunehmen, weil sie etwas dazu beizutragen hat? Je nachdem, wie die Antwort auf diese Fragen ausfällt, wird die Person in den Augen der anderen im Status sinken oder steigen.

Wir werden uns mit dem Thema „Ansehen und Status" im letzten Kapitel dieses Buches noch einmal im Detail auseinandersetzen. An dieser Stelle sei daher nur so viel gesagt: Indem Tina ständig Akten heraussucht, Protokoll führt und Kaffee kocht, macht sie sich klein und stellt bei ihrem Durchsetzungsprojekt die Weichen von vornherein auf Niederlage. Hierarchisch ist sie ihren Kollegen gleichgestellt, aber durch derartige Tätigkeiten wird sie von ihnen als eine Art inoffizielle Teamassistenz wahrgenommen. Steckt man einmal in einer solchen Rolle fest, ist es schwer, sich davon zu lösen.

Sich durchzusetzen braucht Übung

Und wenn für Tina die Sache mit der elektronischen Ablage so wichtig ist, dass sie mit aller Gewalt versucht, dieses eine Mal ihren Willen durchzubekommen? Wenn sie in dieser Situation endlich dazu übergeht, ihren Status neu zu verhandeln, und darauf besteht, gehört zu werden? Mit Nachdruck für sich einzustehen und sich Gehör zu verschaffen, liegt außerhalb von Tinas Komfortzone. Es fühlt sich ungewohnt und fremd an.

In etwa so fremd, wie es sich für Sie (vermutlich) anfühlen würde, einen Schmetterlingsknoten zu knüpfen, mit dem sich Alpinisten auf dem Gletscher in einer Seilschaft einbinden. Vermutlich bewegen Sie sich nicht allzu oft in einer Seilschaft über einen Gletscher und knüpfen daher in der Regel keine Schmetterlingsknoten. Selbst wenn Sie zusehen könnten, wie andere diesen Knoten machen – Sie werden ihn anfangs nicht mit der gleichen Leichtigkeit hinbekommen wie ein erfahrener Bergsteiger. Während Ihre Hände beim Schuhebinden ganz von selbst das Richtige tun, werden Sie nun tasten, zögern und sich verheddern. So geht es auch Tina: Jeder Schritt außerhalb der Komfortzone ist Neuland und ein Balancieren auf schwankendem Boden.

Tina ist inzwischen, wie gesagt, sauer und will es sich nicht länger bieten lassen, übergangen zu werden. Der Autopilot, von dem sie sich normalerweise steuern lässt und der auf Passivität und Nachgeben programmiert ist, ist nun nutzlos und geht in den Stand-by-Modus. Wenn Tinas Hirn von einem Adrenalinschub nach dem anderen geflutet wird und ihre Nervosität ins Unermessliche steigt, weil sie nun etwas tut, was sie sonst niemals macht, ist es aber sehr wahrscheinlich, dass ein anderer Autopilot in ihrem Kopf aktiviert wird: der aggressive Autopilot. Tina sieht jetzt rot, ihr Verhalten schlägt in Konfrontation um.

Sich durchzusetzen heißt nicht, den Autopiloten zu wechseln

Jede schnippische Bemerkung und jeder Einwand der anderen wird von ihr nun als Angriff verstanden. Und weil Tina wirklich wütend ist, schlägt sie ganz automatisch zurück. Wir haben uns das vorhin schon ausgemalt. Mit in die Hüften gestemmten Händen steht Tina da und schreit ihren Kollegen ziemlich unsachlich ihre Meinung entgegen. Auch das Ergebnis haben wir vorhin schon festgehalten: Unverständnis und Ablehnung.

Sicher haben Sie dieses Muster schon des Öfteren beobachten dürfen. Menschen, die normalerweise eine passive Haltung an den Tag legen, schlagen ins Aggressive um, wenn sie sich in einer bestimmten Situation entgegen ihrer Gewohnheit durchsetzen müssen. Aggressivität ist ein uralter Autopilot, der unseren Vorfahren schon vor Hunderttausenden von Jahren das Überleben gesichert hat. Immer dann, wenn vor ihnen ein Höhlenbär oder ein Säbelzahntiger fauchend und knurrend hinter einem Busch hervorgesprungen ist, wurde dieser Autopilot aktiviert. Dann gab es für unsere Vorfahren nur noch Kampf oder Flucht.

War das Kampfprogramm erst einmal gestartet, lief alles automatisch ab. Rationales Denken, das Abwägen von langfristigen Konsequenzen, das Abgleichen mit früheren Erfahrungen, das logische Hinterfragen des eigenen Handelns – all das war mit einem Mal abgeschaltet. Solche analytischen Formen des Denkens sind schlicht zu langsam, um in dieser Kampfsituation hilfreich zu sein. Im Kampf werden Entscheidungen blitzschnell und reflexartig getroffen. Holte der Höhlenbär zu einem Prankenhieb aus, dachte ein Steinzeitmensch nicht lange nach, ob der Höhlenbär möglicherweise auf der Roten Liste der vom Aussterben bedrohten Arten stand oder wie und in welche Richtung er selbst ausweichen sollte. Er tat es einfach und stach dann reflexartig mit seinem feuersteinbesetzten Speer zu.

Aggression ist evolutionär angelegt

Das Problem ist nur: So sinnvoll dieses reflexartige und automatische Handeln unseres Aggressions-Autopiloten im Umgang mit Höhlenbären gewesen sein mag, so problematisch ist es, wenn wir uns gegenüber unseren Mitmenschen in der modernen Welt in gleicher Weise durchsetzen möchten. Da wäre es schon gut, wenn wir Konsequenzen abwägen, das eigene Handeln hinterfragen und die Situation logisch analysieren könnten, statt reflexartig jeden vermeintlichen Angriff mit einem Gegenangriff zu beantworten.

Sich durchzusetzen ist das Ergebnis einer Entscheidung

Sich durchzusetzen funktioniert eben weder mit einem passiven noch mit einem aggressiven Autopiloten, sondern ist immer das Ergebnis einer bewussten und rationalen Entscheidung, die mit Werkzeugen umgesetzt wird, in deren Handhabung wir geübt sind. Aber wie kann es gelingen, die passiven und aggressiven Autopiloten auszuschalten, die uns so oft steuern und die Durchsetzung unserer Interessen unmöglich machen?

Auf den Punkt gebracht:

- Passivität, Aggressivität und Durchsetzungsstärke sind dauerhafte innere Haltungen, keine Verhaltensweisen, zwischen denen wir ständig wechseln können.
- Innere Haltungen steuern unser Handeln oft wie ein Autopilot, ohne dass wir uns dessen bewusst sind, was wir gerade tun.
- Von einer passiven Haltung geprägte Handlungen (sich unterbrechen lassen; immer den Kaffee kochen für das ganze Team) sind mit einem niedrigen Status verbunden und beeinflussen, wie wir wahrgenommen werden.
- Wer im Allgemeinen mit einer passiven Haltung durchs Leben geht, schlägt dann, wenn er sich durchsetzen muss, oft ins Aggressive um.

Reiz und Reaktion: Wie wir unseren aggressiven Autopiloten unter Kontrolle bringen

Viktor Frankl hatte sich schon in jungen Jahren einen Namen als Neurologe und Psychiater gemacht, war in Wien zum Oberarzt eines psychiatrischen Krankenhauses aufgestiegen und konnte schließlich 1937 seine eigene Praxis eröffnen. Sigmund Freud und Alfred Adler zählten zu seinem Bekanntenkreis. Alles schien darauf hinzudeuten, dass Frankl sorgenfrei in die Zukunft blicken durfte und dass eine geradlinige und glänzende wissenschaftliche Karriere vor ihm lag. Dem war nicht so. 1938 kam es zum sogenannten „Anschluss" Österreichs an Nazi-Deutschland. Viktor Frankl war Jude.

Innerhalb weniger Monate brach das Leben, das er sich über viele Jahre mit harter Arbeit aufgebaut hatte, in sich zusammen. Schon bald war es ihm untersagt, „arische" Patienten zu behandeln. Im September 1942 wurde er mit seiner Familie in das

Konzentrationslager Theresienstadt verschleppt. Seine Frau, seine Eltern und sein Bruder starben in den nationalsozialistischen Vernichtungslagern. Frankl selbst erkrankte an Fleckfieber und überlebte nur knapp. Im April 1945 wurde er in einem Nebenlager des KZ Dachau von amerikanischen Truppen befreit.

Wie geht ein Mensch mit derartigen Schicksalsschlägen um? Wie verändern ihn solch schreckliche Erfahrungen? Muss er nicht angesichts solcher Erlebnisse zwangsläufig einen Hass auf die entwickeln, die sein Leben zerstört haben?

Kaum hatte Frankl das KZ verlassen, tauschte er seine Häftlingskleidung wieder gegen den Arztkittel und behandelte Deutsche wie Juden gleichermaßen. Statt zu hassen, setzte er sich für Versöhnung ein. Denn schon im Wien der frühen 1930er-Jahre hatte er eine Theorie entwickelt, die er auch im Konzentrationslager lebte und an die er sich klammerte: „Zwischen Reiz und Reaktion liegt ein Raum. In diesem Raum liegt unsere Macht zur Wahl unserer Reaktion. In unserer Reaktion liegen unsere Entwicklung und unsere Freiheit." So schrecklich der „Reiz" auch gewesen sein mag, dem sich Frankl im Konzentrationslager ausgesetzt sah – die Freiheit, über seine Reaktion selbst zu entscheiden, konnten ihm die Nazis nicht nehmen.

Raum zwischen Reiz und Reaktion

Stellen Sie sich vor, Sie laufen an einem Sonntagvormittag durch die Stadt. Plötzlich hören Sie einen lauten Knall und zucken zusammen. Haben Sie sich bewusst dafür entschieden, zusammenzuzucken? Ich denke, nein. Das Zucken ist ein Reflex und geschieht automatisch. Dabei ist es egal (und auch nicht wichtig), ob der Knall von einem Pistolenschuss oder der Fehlzündung eines Autos herrührt. Der Reiz löst den Reflex unmittelbar aus.

Vielleicht haben Sie bei Ihrem Sonntagsspaziergang durch die Stadt Ihren Rauhaardackel Waldi mit dabei, als Ihnen im Stadtpark eine Katze begegnet. Was macht Waldi? Vermutlich knurren, bellen, an der Leine ziehen. Waldi zeigt dieses Verhalten genauso reflexartig, wie Sie nach dem lauten Knall zusammengezuckt sind. Er kann gar nicht anders.

Ihr Spaziergang hat etwas länger gedauert als gedacht und Sie kommen erst am späten Nachmittag nach Hause zu Ihrem Partner, der Sie ziemlich unfreundlich begrüßt: „Hast du vergessen, dass wir eingeladen sind? Wegen dir kommen wir jetzt viel zu spät!" Sie sind sich keiner Schuld bewusst und wissen gar nicht, von welcher Einladung die Rede ist. Vielleicht hat Ihr Partner einfach vergessen, Sie darüber zu informieren. Wie reagieren Sie jetzt?

Zahlreiche Szenarien sind möglich. Sie könnten nun in einen heftigen Schlagabtausch eintreten, der sich darum dreht, wer die Schuld trägt, und damit endet, dass Sie gar nicht mehr zu Ihrer Einladung fahren, mit Ihrem Partner den restlichen Tag nicht mehr reden und sich zwei Monate später scheiden lassen. Oder Sie könnten klären, wie Sie nun möglichst schnell zu Ihren Gastgebern kommen und trotz der Verspätung noch einen schönen Nachmittag mit Freunden verbringen. Die Entscheidung liegt bei Ihnen, denn Sie sind ein Mensch und haben einen Raum zwischen Reiz (der unfreundlichen Begrüßung) und Reaktion (Ihrer Antwort). Diesen Raum können Sie gestalten. Darin liegt die Entscheidungsfreiheit, die Sie als Mensch ausmacht. Kein Rauhaardackel und überhaupt kein anderes Wesen auf diesem Planeten hat diese Freiheit, selbstständig abzuwägen, Alternativen zu durchdenken, Konsequenzen vorauszusehen und danach zu entscheiden. Wenn Sie vorgeben, dass Sie so oder so reagieren mussten, weil Ihr Gegenüber dies oder jenes getan oder gesagt habe, dann tun Sie so, als ob Sie ein Rauhaardackel wären.

Menschen müssen nicht wie Rauhaardackel handeln

Ein Leitsatz, der Viktor Frankl (aber auch verschiedenen anderen Persönlichkeiten) zugeschrieben wird, bringt es auf den Punkt: „Es kommt nicht darauf an, woher der Wind weht, sondern wie wir die Segel setzen!" Wenn Frankl es geschafft hat, sogar seine Reaktion auf die Schrecken des Konzentrationslagers zu kontrollieren und seine Segel auf einen Versöhnungskurs auszurichten, dann können Sie das bei Ihren kleinen und großen Alltagskonflikten auch.

Suchen Sie keine Sündenböcke und grübeln Sie nicht über die Gründe nach, warum etwas in Ihrem Leben so oder so laufen musste. Konzentrieren Sie sich auf das, was Sie beeinflussen können: Ihre Reaktion. Übernehmen Sie Verantwortung dafür, wie Ihre Antwort auf einen Reiz ausfällt.

Was das mit Durchsetzungsfähigkeit zu tun hat? Sich durchzusetzen ist in menschlichen Beziehungen nur möglich, wenn wir den Raum zwischen Reiz und Reaktion bewusst gestalten. Das bedeutet, dass wir unsere Autopiloten unter Kontrolle bringen müssen. Nur dann kommen wir in der Sache vorwärts. Oft reden wir davon, dass es bei uns „rote Knöpfe" gibt – Dinge oder Verhaltensweisen anderer, die uns im Nullkommanichts auf die Palme bringen und ein Gespräch eskalieren lassen. Die Metapher ist nicht stimmig. Eben weil es einen Raum zwischen Reiz und Reaktion gibt, kann niemand außer Ihnen selbst die roten Knöpfe drücken, die Ihren aggressiven Autopiloten in Gang setzen.

Was können Sie konkret tun, um den Raum Ihrer Gestaltungsmöglichkeiten zwischen Reiz und Reaktion zu erweitern? Bedienen Sie sich der Teflon-Methode: Lassen Sie den Reiz abperlen wie an einer Teflon-Pfanne.

Teflon-Methode als Erste Hilfe

Betrachten wir noch einmal Tinas aggressives Verhalten beim Teammeeting. Rainers Äußerung, die Tina zum Ausflippen bringt, strotzt vor unterschwelligen Anschuldigungen und unfairen Vorwürfen. Indem er die Scanner-Station als Schnickschnack und Trallala bezeichnet, würdigt er ihre Bedürfnisse herab, und der Satz „Wenn du Zeit für so etwas hast – ich habe wirklich viel zu tun" heißt übersetzt so etwas wie „Ich bin wichtig und du bist faul".

Na und? Tina weiß ja genauso gut wie alle anderen, dass dieses Störfeuer jeglicher sachlichen Grundlage entbehrt. Mit einem „Dir ist also wichtig, dass Zeit gespart wird? Dann lass mich dir doch erklären, wie der Scanner uns allen Zeit spart ..." könnte sie Rainers unsachlichen Einwurf geschickt übergehen und zu ihrem Thema zurückkehren. Sie würde damit deutlich souveräner wirken als mit einem emotional geführten Gegenangriff oder einem Versuch, sich zu rechtfertigen.

Schließlich ist Rainer ja kein Höhlenbär (auch wenn er sich möglicherweise wie einer benimmt), sondern ein Mensch. Menschen weisen wir viel effektiver in ihre Schranken, wenn wir ihnen die kalte Schulter zeigen und in unserer Agenda fortfahren, als wenn wir den aggressiven Autopiloten starten, in den Kampfmodus gehen und uns auf ihre Agenda (eine Diskussion darüber, wer wie viel zu tun hat) einlassen.

Die Sache mit der kalten Schulter ist zugegebenermaßen nicht einfach. Oft sind wir einfach baff, wenn wir Sätze wie die von Rainer zu hören bekommen. Und schon bewegen wir uns in Richtung eines roten Knopfes. Dann bietet sich folgendes Vorgehen an.

Verschaffen Sie sich mit einem Wortpuffer Reaktionszeit: Je mehr Zeit vergeht, bevor Sie reagieren müssen, desto überlegter wird Ihre Reaktion ausfallen. Der Raum zwischen Reiz und Reaktion wächst mit dem zeitlichen Abstand, der zwischen beiden liegt, und die Wahrscheinlichkeit, dass Ihr aggressiver Autopilot anspringt, verringert sich im gleichen Maße.

Wortpuffer verschaffen Zeit

Mit einem Wortpuffer verschaffen Sie sich diese Zeit. Dabei müssen Sie inhaltlich gar nichts sagen, sondern spielen den Ball einfach an ihr Gegenüber zurück. Sätze wie „Ist das so?" oder „Was genau meinst du damit?" leisten hier gute Dienste. Sie befreien uns von dem Druck, unmittelbar reagieren zu müssen, zwingen den anderen, sich zu erklären, und geben uns Zeit, um über eine angemessene Reaktion nachzudenken. Und wenn Sie Zeit gewonnen haben? Was machen Sie dann?

Lenken Sie das Gespräch mit einer richtungsweisenden Frage. Wenn Sie mit einem Gegenargument oder einer Rechtfertigung antworten, lenken Sie gar nicht. Ihr Gegenüber kann mit Ihrem Statement machen, was es will, und zu jedem neuen Thema übergehen, das ihm gerade gelegen kommt. Die Wahrscheinlichkeit, dass Sie aneinander vorbeireden, ist in einem solchen Fall sehr hoch, und ein Schlagabtausch mit Argumenten führt Sie mit der Zeit näher und näher an ihre roten Knöpfe heran.

Mit richtungsweisenden Fragen lenken

Mit einer richtungsweisenden Frage geben Sie dagegen eine Agenda vor. Mit der Frage „Welche Erfahrungen bringen dich denn dazu, Scanner als Schnickschnack zu bezeichnen?“ könnte Tina Rainer dazu zwingen, über die technischen Spezifikationen von Scannern zu reden – ein Feld, auf dem sie sich informiert hat, gut auskennt und wohl die Oberhand behalten dürfte. Mit der Frage danach, welchen Anteil die Ablage von und Suche nach Dokumenten an der Gesamtarbeitszeit von Rainers wichtigen Projekten einnimmt, würde sie Rainer dahin führen, zuzugeben, dass das Suchen nach wichtigen Dokumenten sehr viel Zeit in Anspruch nehmen kann.

Wichtig ist, dass diese Fragen offen gestellt werden – also, dass unser Gegenüber nicht einfach mit Ja oder Nein antworten kann. Solche offenen Fragen sind das geeignetste Werkzeug, um auf beiden Seiten zu verhindern, dass der aggressive Autopilot in Aktion tritt. Versuchen Sie es einmal.

Fragen offen stellen schützt vor dem Autopiloten

Ihren aggressiven Autopiloten bekommen Sie mit diesen Techniken gut in den Griff. Aber was können Sie tun, um eine passive Haltung zu überwinden? Wie hätte Tina frühzeitig die Weichen so stellen können, dass ihr die bittere Niederlage beim Teammeeting erspart geblieben wäre? Das nächste Kapitel gibt Antworten auf diese Fragen.

Auf den Punkt gebracht:

- Zwischen Reiz und Reaktion liegt ein Raum. Sich durchzusetzen ist nur möglich, wenn wir den Raum zwischen Reiz und Reaktion bewusst gestalten.
- Gestalten Sie diesen Raum und lassen Sie sich nicht von Ihrem passiven oder aggressiven Autopiloten steuern.
- Nutzen Sie bei Angriffen die Teflon-Methode, um cool zu bleiben. 1.) Wortpuffer: „Ist das so?“ oder „Was genau meinst du damit?“. 2.) Richtungsweisende Frage, um auf die Sachebene zurückzukommen.

Haltungsschäden: Woher sie kommen und wie man sie korrigiert

Im Märchen ist es alles so einfach. Da erledigt Aschenputtel treu und zuverlässig alle Arbeiten, die man ihr aufträgt. Niemals kommt ein Nein über ihre Lippen. Sich in den Vordergrund zu drängen, kommt für sie nicht infrage – diese Rolle überlässt sie den bösen Stiefschwestern. Anfeindungen und Ungerechtigkeiten übergeht sie schweigend, denn sie weiß: Die Welt des Märchens ist grundsätzlich gerecht: „Die guten ins Töpfchen – die schlechten ins Kröpfchen." Eines Tages wird ein Prinz auf einem weißen Ross herbeieilen und sie in die Position heben, die ihr zusteht: die einer Prinzessin.

Gerade weil sie alles ertragen hat, ohne sich zu beschweren. Gerade weil sie so gut und fleißig war, dass sogar die Täubchen sie mögen und ihr in der Not zu Hilfe kommen. Gerade weil sie so geduldig gewartet hat. Und die bösen Stiefschwestern? Auch die ereilt ihr gerechtes Schicksal. Hochmut kommt vor dem Fall – und wer vorgibt, ihm passten die viel zu kleinen goldenen Schuhe, die eigentlich einer anderen gehören, der kommt leicht ins Stolpern.

In unserer modernen Arbeitswelt wird die Rolle des Aschenputtels millionenfach vergeben. Tina (so klischeehaft sie auch gezeichnet sein mag) ist ein gutes Beispiel dafür. Genau wie im Märchen erledigt das moderne Aschenputtel alle ihm übertragenen Aufgaben vorbildlich und übernimmt aufopferungsvoll all die unbeliebten Arbeiten, die jeder andere im Team von sich weist. Dass ein Nein von ihr nicht zu erwarten ist, hat sich bei allen herumgesprochen, und so wird ihr Ja von vornherein wie selbstverständlich eingeplant.

Aschenputtel im Büro kennt kein Nein

Ohne Widerrede macht Aschenputtel die PowerPoint-Präsentation für ihre Chefin auch nach Feierabend fertig, denn sie kann sie ja schließlich nicht im Regen stehen lassen. In Meetings kommt sie meist nicht zu Wort, weil sie darauf wartet, dass ihr jemand das Wort erteilt. Und wenn sie doch einmal etwas sagen darf, dann werden ihre Ideen ignoriert oder ein anderer gibt sie später als die seinen aus. Können Ergebnisse präsentiert oder Erfolge gefeiert werden, hält sich Aschenputtel im Hintergrund, denn brave Mädchen drängeln sich nicht nach vorne. Bei Konflikten und in Verhandlungen macht sie Zugeständnisse, noch bevor sie dazu aufgefordert wird, denn schon als Kind hat man ihr beigebracht, dass der Klügere nachgibt. Und geht dann doch etwas schief, dann bezieht Aschenputtel es mit Sicherheit auf sich selbst, zweifelt an sich und zermartert sich den Kopf darüber, ob sie für ihre Aufgabe überhaupt geeignet und kompetent genug ist. So weit, so gut! Nur wo bitte schön bleibt dieser verdammte Prinz?

Nach Jahren der Mühsal hat das moderne Aschenputtel in der Regel verstanden, dass es Prinzen mit weißen Rössern nur im Märchen gibt. Es weiß, dass es vergeblich wartet – und wartet trotzdem: auf Anerkennung, Beförderung, darauf, dass jemand seine Bedürfnisse wahrnimmt, und auf den nächsten Karriereschritt. Das moderne Aschenputtel ist häufig weiblich, aber auch Männer bleiben oft in dieser Rolle hängen. Und das moderne Aschenputtel ist in der Regel unglücklich und frustriert.

In uns allen haben die Märchen unserer Kindheit Spuren hinterlassen – in manchen von uns mehr, in anderen weniger. In fast allen klassischen und modernen Märchen (von den Gebrüdern Grimm bis zu Star Wars) werden Bescheidenheit, Zurückhaltung, Fleiß, Demut und Ergebenheit als zentrale Tugenden gefeiert. Wer sich dagegen auflehnt, landet auf der dunklen Seite der Macht und erhält irgendwann seine gerechte Strafe.

Unbewusst haben wir die Rollenmodelle, die uns hier vorgelebt werden, verinnerlicht – und wir haben einen Haltungsschaden davongetragen. Eltern und Lehrer haben diesen Haltungsschaden dann noch verstärkt: Schließlich wurden wir immer dann gelobt, geliebt und belohnt, wenn wir das Nein hinuntergeschluckt und getan haben, was die anderen von uns wollten. Denn wir alle wollen zunächst einmal gemocht werden.

Wir haben schädliche Rollenmodelle verinnerlicht

Erst im Beruf merken wir, dass wir damit nicht so ohne Weiteres durchkommen, und geraten in einen Zwiespalt. Gemocht werden allein reicht nicht (obwohl wir das immer noch wollen). Wir müssen uns auch Respekt verschaffen und uns gegen andere durchsetzen – und zwar ohne die ordnenden Instanzen von Lehrern oder Eltern, an die wir uns in der Vergangenheit immer gewendet haben, wenn uns etwas ungerecht erschien.

Haltungsschäden können korrigiert werden

Unsere Haltungsschäden sind also nicht genetisch veranlagt, sondern durch Erziehung erworben und durch Erfahrungen verfestigt. Es ist nicht leicht, ein verfestigtes Muster zu durchbrechen. Es kostet Kraft und Ausdauer. Aber es ist möglich, solche Haltungsschäden zu korrigieren und zu einer neuen, durchsetzungsstarken Haltung zu finden. Einer Haltung des Respekts für sich und für andere: Durchsetzungsfähigkeit ohne Ellenbogenmentalität.

Bei körperlichen Haltungsschäden verschreibt uns der Orthopäde normalerweise Krankengymnastik. Wir lernen, täglich unsere Übungen zu machen und bestimmte Muskelgruppen zu stärken, um die Haltung nach und nach zu korrigieren. Es macht keinen Sinn, mit diesen Übungen erst zu beginnen, wenn die Bandscheibe herausgerutscht ist und es schmerzt. Wir müssen schon vorher aktiv werden. Oft dauert die Korrektur der Haltung Monate oder Jahre und immer erfordert sie ein hohes Maß an Disziplin. Aber wer schon einmal einen Haltungsschaden auf diese Weise korrigieren konnte, der weiß, dass es sich lohnt.

Wie hätte Tina besser auf ihre Haltung achten können? Welche Übungen hätten ihr im Vorfeld des Teammeetings geholfen, ihre Durchsetzungsmuskeln zu stärken und zu einer neuen Haltung zu finden?

Aktiv werden, bevor der Schmerz einsetzt

Stellen wir uns einen ruhigen Sommerabend vor, der etwa ein halbes Jahr vor Tinas morgendlichem Meeting-Fiasko liegt. Eigentlich ist die Welt zu diesem Zeitpunkt für Tina ganz in Ordnung. Es gibt in diesem Moment keinen akuten Schmerz, der sie plagt. Aber kleinere und eher beiläufige Erlebnisse haben ihr in der letzten Zeit vor Augen geführt, dass sie etwas an ihrer Haltung ändern sollte, um gewappnet zu sein, wenn es einmal ernst wird und sie etwas durchsetzen muss, was ihr wichtig ist.

Daher hat sie beschlossen, sich einen Übungsplan zusammenzustellen. Bei einem Glas Wein setzt sie sich an den Küchentisch und nimmt vier weiße Blätter Papier und einen Stift zur Hand. (Was halten Sie davon, es ihr gleichzutun?)

Auf das erste Blatt schreibt sie all die passiven Verhaltensweisen, die sie im Alltag an sich beobachtet.

Passive Verhaltensweisen notieren

Hierhin gehören Dinge wie „Akten für andere heraussuchen", „immer den Kaffee für das Team kochen", „bei Software-Problemen helfen" und „das Protokoll führen". All diese Gewohnheiten sind offensichtlich und schnell notiert. Andere Verhaltensweisen, die hierhergehören, sind für Tina weniger leicht erkennbar, denn wie die meisten von uns läuft ja auch Tina nicht ständig mit einem Selbstreflexions-Spiegel vorm Gesicht durch die Gegend.

Als ihr nichts mehr einfällt, greift sie deshalb zum Telefonhörer und ruft ihre beste Freundin Tanja an. Die ist erst einmal etwas verdutzt, als Tina sie darum bittet, passive Verhaltensweisen zu benennen, die ihr bei ihrer Freundin aufgefallen sind. Aber im Gespräch erhält Tina wertvolles Feedback. So kommen schnell ein paar weitere Punkte auf das Blatt, die Tina selbst nie bemerkt hätte. Ihr war gar nicht aufgefallen, dass sie sich häufig entschuldigt, auch wenn sie gar keine Schuld trifft – zum Beispiel wenn sie von jemand anderem angerempelt wird. Erst durch Tanjas Feedback kann sie diesen blinden Fleck und ihr Verhalten erkennen.

Nach einer Dreiviertelstunde ist eine ganz ordentliche Liste an Verhaltensweisen zusammengekommen und Tina greift zum zweiten weißen Blatt. Hier notiert sie für jede Verhaltensweise auf Blatt 1 die entsprechende Überzeugung beziehungsweise den Glaubenssatz, der dieser Verhaltensweise zugrunde liegt. Das ist schon ein ganzes Stück schwieriger und bringt Tina ziemlich ins Grübeln. Aber nach und nach füllt sich auch das zweite Blatt. Bei „Protokoll führen" notiert sie

Sich Glaubenssätze bewusst machen

zum Beispiel den Glaubenssatz: „Ich bin dafür verantwortlich, die Situation zu retten, wenn niemand sonst sich dafür hergibt." Hinter „Akten heraussuchen" steht: „Ich werde nur gemocht, wenn ich den Bitten anderer nachkomme." Bei „sich entschuldigen, wenn mich keine Schuld trifft" schreibt sie: „Ich fühle mich weniger wichtig als andere und nehme daher automatisch die Schuld auf mich."

Als Tina die Liste auf Blatt zwei noch einmal durchliest, erschrickt sie ein wenig und muss gleichzeitig über sich selbst lachen. Wie absurd doch manche dieser Glaubenssätze sind, wenn man sie bei Licht betrachtet.

Nun denkt Tina an eine Person, die ihr durchsetzungsstark und gleichzeitig sympathisch erscheint. Ziemlich schnell kommt ihr Anja in den Sinn, mit der sie in einzelnen Projekten zusammengearbeitet hat. Anja steht hierarchisch auf der gleichen Ebene wie Tina. Aber Anja steht viel öfter für ihre Interessen ein. Das tut sie sehr erfolgreich und sie bekommt normalerweise, was sie will. Natürlich gibt es dabei ab und zu auch Konflikte und Anja wird nicht von allen gemocht. Die meisten finden sie aber trotzdem sympathisch, weil sie – auch wenn sie in der Sache hart bleibt – immer sachlich und freundlich auftritt. Dazu kommt ihr Talent, anderen zuzuhören und auf ihre Bedürfnisse einzugehen. Trotzdem würde sich Anja nie so ohne Weiteres von einem gleichrangigen Kollegen abbügeln lassen oder eine Aufgabe übernehmen, die sie nicht übernehmen will, und sie spricht immer direkt an, was ihr wichtig ist.

Durchsetzungsstarkes Vorbild finden

Tina notiert all diese Verhaltensweisen auf dem dritten Blatt und vergleicht sie mit den Eintragungen, die sie auf Blatt eins und zwei gemacht hat. So langsam dämmert ihr, dass sie andere und sich selbst mit zweierlei Maß misst. Sie findet es zum Beispiel vollkommen in Ordnung, wenn Anja freundlich, aber bestimmt zu einer Sache Nein sagt – und die anderen im Team scheinen das genauso zu sehen. Wenn Tina selbst aber ein Anliegen ablehnen möchte, fühlt sie sich schuldig und fürchtet, andere würden ihr das Nein übel nehmen. Das ist natürlich auch wieder so ein Glaubenssatz – und die Summe dieser Glaubenssätze macht Tinas Haltung aus. Tina wird also ihre Glaubenssätze korrigieren müssen, um ihren Haltungsschaden zu überwinden.

Dazu nimmt Tina nun das vierte Blatt zur Hand – einen großen weißen DIN-A3-Bogen, der viel Platz bietet. Dieses vierte Blatt ist das wichtigste im Quartett der vier Blätter, und Tina wird es später über ihrem Küchentisch an die Wand pinnen, damit sie es täglich vor Augen hat. Auf diesem DIN-A3-Bogen notiert Tina ihre neuen Glaubenssätze. Damit das Ganze auch griffig und eingängig klingt, beschließt sie, ihre neuen Überzeugungen in der Form eines Rechtekatalogs aufzuschreiben – in etwa so wie die Erklärung der Menschen- und Bürgerrechte oder wie der Grundrechtskatalog im deutschen Grundgesetz, nur eben für sich ganz persönlich. Hier ein paar Beispiele von Rechten, die Tina sich notiert hat:

Rechtekatalog erstellen

- „Ich habe das Recht, meinen Interessen Priorität vor den Interessen anderer zu geben."
- „Ich habe das Recht, Bitten abzulehnen."
- „Ich habe das Recht, das Wort zu ergreifen und meine Meinung zu sagen."
- „Ich habe das Recht, meine Meinung zu äußern und auszureden."
- „Ich habe das Recht, für meine Interessen einzutreten."
- „Ich habe das Recht, meine Ideen und meine Leistungen für mich zu reklamieren."
- „Ich habe das Recht, meine Meinung zu ändern."
- „Ich habe das Recht, die Verantwortung für das Tun und Lassen anderer und für deren Probleme abzulehnen."

Haben Sie bis zu diesem Punkt die vier Blätter auch für sich ausgefüllt? Ich empfehle Ihnen, das zu tun! Was sind Ihre neuen Glaubenssätze und Überzeugungen? Welche Rechte möchten Sie für sich in Anspruch nehmen? So unterschiedlich die Leser dieses

Buchs sind, so unterschiedlich werden auch ihre jeweiligen Rechtekataloge sein. In jedem Fall ist Ihre Rechteliste das Fundament, auf dem Sie Ihre neue durchsetzungsstarke Haltung aufbauen können.

Finden Sie, dass viele dieser Rechte noch ein wenig abstrakt klingen? Tina findet das bei ihrer Liste auch. Deshalb notiert sie sich für jedes Recht mindestens eine konkrete Gelegenheit, in der sie es einfordern und durchsetzen wird. So weit wie möglich notiert sie sich sogar ein Datum oder die Kalenderwoche, in der sie diese Gelegenheit auf sich zukommen sieht und in der sie für ein bestimmtes Recht einstehen will.

Durchsetzungstraining im Alltag

Sie denken nun sicher, dass Tina hier ihren Wunsch nach einer Scanner-Station notieren wird, oder? Nein, die Scanner-Station steht ganz explizit nicht auf Tinas Liste. So wie ein Sportler, der sich nach einer langen Trainingspause auf einen Marathon vorbereitet, beginnt Tina mit kleinen Übungen und nicht gleich mit einem 40-km-Lauf. Ansonsten landet dieser Sportler schon bei der ersten Trainingseinheit mit kaputten Knien im Krankenwagen und Tina in exakt der Situation, die ich oben im Kapitel 2, *Wie es nicht gelingt, sich durchzusetzen* beschrieben habe.

Stattdessen testet Tina in den folgenden Wochen und Monaten ihre Durchsetzungsfähigkeit bei den kleinen Problemen des Alltags. Sie wählt dafür Situationen, in denen ihr zunächst nur eine einzelne Person gegenübersteht und nicht eine ganze Gruppe oder das ganze Team. Ihre ersten Gehversuche unternimmt sie in ihrem privaten Umfeld und nicht im Job, denn in ihrem Freundeskreis und in der Familie sind die Beziehungen weniger hierarchisch organisiert als am Arbeitsplatz. Wenn Tina mit ihrer Freundin Anna essen geht, setzt sie zum Beispiel durch, dass die beiden heute nicht in ein Burger-Restaurant gehen, weil Tina heute einfach keine Lust auf Burger hat und stattdessen ein griechisches oder italienisches Restaurant probieren möchte. Tina beginnt also mit Themen, bei denen es ihr relativ leicht möglich ist, ihre Rechte einzufordern, obwohl sie es bisher noch nicht getan hat. In solchen Situationen wird das Sichdurchsetzen für sie nicht zum Kraftakt. Aber sie erweitert nach und nach ihre Komfortzone und lernt, die entsprechenden Werkzeuge mit zunehmendem Geschick einzusetzen.

Trotzdem erfordert Tinas Trainingsprogramm Disziplin. Ein Satz wird ja schließlich nicht dadurch zum Glaubenssatz und zur Überzeugung, dass man ihn auf ein Blatt Papier schreibt. Er muss gelebt werden und mit der Zeit in Fleisch und Blut übergehen. Dafür muss man am Ball bleiben und den eigenen Reflexen widerstehen können.

Den eigenen Reflexen widerstehen

Sie kennen das vielleicht von der Krankengymnastik. In den ersten Wochen machen Sie Ihre täglichen Übungen noch voller Pflichtbewusstsein. Dann setzt so langsam der Schlendrian ein und Sie lassen die Übungen an einzelnen Tagen aus. Und ehe Sie sichs versehen, sind Sie in Ihr altes Muster zurückgerutscht und trainieren Ihre Muskeln überhaupt nicht mehr – zumindest so lange, bis es Ihnen in den Rücken fährt und erneut der Schmerz einsetzt.

Beim Trainieren der Durchsetzungsfähigkeit kann Ihnen das genauso passieren. Nehmen wir einmal an, Tina hätte beschlossen, für ihre Kollegen keine Akten mehr im Archiv zu suchen und freundlich, aber bestimmt Nein zu sagen, wenn sie gefragt wird. Das ist ihr gutes Recht, denn „Akten für die Kollegen heraussuchen" ist nicht Teil ihrer Stellenbeschreibung.

Trotzdem werden Tinas Kollegen am Anfang sicher irritiert sein und sie das auch spüren lassen. Schließlich sind sie ja noch an Tinas alte passive Haltung gewöhnt und erleben nun ein Verhalten, das diesem Bild nicht mehr entspricht. Vielleicht fällt deshalb auch die ein oder andere schnippische Bemerkung oder ein harsches Wort: „Was ist denn mit dir los, Tina? Das ist doch nur eine Kleinigkeit für dich! Hab ich dir irgendwas getan?"

Passiert das ein paarmal, dann drängen sich schnell wieder die alten Überzeugungen ins Bewusstsein: „Wenn ich ‚Nein' sage, mögen mich die anderen nicht!" Das kann ganz schön belastend sein – und gerade wenn wir unter Stress stehen, entscheiden wir uns schnell für die scheinbar einfachste Lösung: Wir sagen doch wieder Ja.

An dieser Stelle möchte ich Ihnen einen Trick verraten, damit Ihnen das nicht passiert: Erzählen Sie ein paar guten Freunden von Ihrem Programm zur inneren Haltungskorrektur. Sagen Sie ihnen, dass Sie sich fest vorgenommen haben, in einer bestimmten Situation mit dem alten Muster zu brechen, und dass Sie Ihre Rechte durchsetzen werden. So könnte Tina zum Beispiel ihrer Freundin Tanja erzählen, dass sie den felsenfesten Beschluss gefasst hat, für ihre Kollegen keine Akten mehr herauszusuchen. Meistens reicht das schon. Wir wollen ja schließlich nicht als Windbeutel dastehen, der etwas ankündigt und dann beim nächsten Zusammentreffen beichten muss, dass er schon wieder eingeknickt ist. Wenn Tina aber ganz sichergehen möchte, dass sie auf keinen Fall rückfällig wird, könnte sie noch hinzufügen: „Und falls es doch wieder passiert, esse ich vor deinen Augen eine Dose Katzenfutter!" Dieser Satz wirkt Wunder.

Selbstverpflichtung vor Zeugen

Beachten Sie aber, dass Sie solche Sätze wirklich nur für Situationen formulieren sollten, in denen die Durchsetzung Ihrer Interessen möglich ist, ohne ernsthaften Ärger zu provozieren. Sie wollen sich ja schließlich nicht in eine Zwickmühle bringen oder einen Streit mit Ihrer Chefin vom Zaun brechen, nur weil Ihnen sonst das Katzenfutter droht.

Und wenn sich im Alltag die alten Glaubenssätze und negativen Gedanken nach und nach zurück in unseren Kopf schleichen? Wenn sie beginnen, unseren inneren Dialog zu dominieren? Wenn sich in uns schon wieder das Gefühl breitmacht, dass wir nicht dafür geschaffen sind, uns durchzusetzen, und wir dieses Feld lieber den anderen überlassen sollten? Der härteste Gegner jeder Veränderung sitzt ja bekanntlich zwischen unseren Ohren. Wie können wir diesen inneren Einflüsterungen widerstehen und diesen inneren Gegner zum Schweigen bringen?

Stellen Sie sich vor, Sie sind Polizist und für die Verkehrssicherheit im neuronalen Straßennetz Ihres Gehirns verantwortlich. So wie Fahrzeuge auf einer realen Straße tauchen ständig neue Gedanken am Horizont Ihres neuronalen Highways auf, nähern sich und ziehen vorbei, um einem nachfolgenden Gedanken Platz zu machen. Viele dieser Gedanken sind gut und förderlich. Andere sind Geisterfahrer, die die Verkehrssicherheit auf der neuronalen Autobahn beeinträchtigen und schwere Unfälle provozieren können.

Als Polizist haben Sie keinen Einfluss darauf, ob als Nächstes ein rechtschaffener Verkehrsteilnehmer oder ein bösartiger Geisterfahrer oder Gangster an Ihnen vorbeifährt. Genauso kommen und gehen die Gedanken in Ihrem Kopf, ohne dass Sie bewusst steuern könnten, welche Gedanken das sind. Sie haben als Polizist aber sehr wohl die Möglichkeit, „Stopp!" zu rufen, sobald Sie einen Geisterfahrer oder Gangster erwischen. Sie können ihn aus dem Verkehr ziehen und sich weigern, ihn weiterfahren zu lassen. Machen Sie es mit Ihren Gedanken genauso.

Negative Gedanken aus dem Verkehr ziehen

Beenden Sie negative Gedankenspiralen mit einem bewussten „Stopp!", und lassen Sie es nicht zu, dass Ihr Kopf die negativen Gedanken weiterspinnt. Ziehen Sie sie aus dem Verkehr und konzentrieren Sie sich auf positive Erlebnisse und Erinnerungen an Situationen, in denen Sie sich durchgesetzt haben. Stellen Sie sich diese positiven Situationen bildlich vor und erleben Sie sie per Kopfkino ein zweites Mal. Gewinnen Sie so die Kontrolle über Ihr neuronales Straßennetz zurück und überlassen Sie es nicht den Gangstern und Geisterfahrern.

Gelingt es Ihnen, am Ball zu bleiben und zu Ihren Vorsätzen zu stehen, dann wird es mit der Zeit leichter. Ihr Umfeld gewöhnt sich an Ihre neue Haltung und Sie selbst dehnen nach und nach Ihre Komfortzone aus. Diese neue Haltung und die erweiterte Komfortzone sind aber Voraussetzungen dafür, dass Sie die Durchsetzungstechniken überzeugend umsetzen können, die ich Ihnen in den folgenden Kapiteln vorstellen werde.

Hätte Tina dieses Programm zur Stärkung ihrer Durchsetzungsmuskulatur tatsächlich früh genug im Vorfeld des Teammeetings begonnen, wäre dieses Meeting sicher anders gelaufen. Hat sie aber leider nicht ... Immerhin hat sie nach einem langen Telefonat mit Tanja, die ihr all diese Hintergründe erklärte, verstanden, worauf es ankommt und wo sie beginnen muss.

Auf den Punkt gebracht:

- Die Rolle des Aschenputtels einzunehmen, lohnt sich nur im Märchen. Aber oft haben wir die im Märchen vorgelebten passiven Rollenmodelle mit Selbstlosigkeit, Demut und Bescheidenheit als zentralen Tugenden verinnerlicht und zu Glaubenssätzen ausformuliert.
- Um diese Glaubenssätze zu durchbrechen, müssen wir sie uns zunächst bewusst machen. Notieren Sie Ihre passiven Verhaltensweisen, die Glaubenssätze, die diesen Verhaltensweisen zugrunde liegen, und durchsetzungsstarke Verhaltensweisen, die Sie an anderen beobachten.
- Notieren Sie sich auch, wo und wann Sie das Recht haben, für sich und für Ihre Bedürfnisse einzustehen (ihren Rechtekatalog), und hängen Sie das Blatt an einer Stelle auf, wo Sie es häufig vor Augen haben.
- Beginnen Sie mit kleinen Durchsetzungsübungen im Alltag und in Situationen, in denen es nicht um viel geht, um Ihren Durchsetzungsmuskel zu trainieren.
- Sagen Sie gedanklich „Stopp“, wenn sich alte Glaubenssätze und negative Gedanken zurück in Ihren Kopf schleichen, und denken Sie an Ihren Rechtekatalog bezüglich Ihrer Durchsetzungskraft und an Situationen, in denen Sie sich erfolgreich durchsetzen konnten.

3. Die äußere Wirkung: Wie Durchsetzungsstärke sichtbar und hörbar wird

Das Erste, was wir an einem Menschen wahrnehmen, den wir kennenlernen, ist seine Körpersprache. Wenn unsere erste Begegnung am Telefon stattfindet, dann ist es die Stimme, die den ersten Eindruck dominiert.

Körpersprache und Stimme sind also wichtig, wenn es darum geht, wie wir wirken. Sie stehen immer in einer Wechselwirkung mit unseren Gedanken und Gefühlen – also unserer inneren Haltung, mit der wir uns in den vorangegangenen Kapiteln beschäftigt haben. Ihre innere Haltung ist das Fundament, auf dem eine durchsetzungsstarke Körpersprache und ein souveräner Einsatz der Stimme aufbauen. Wenn Sie sich schwach und ohnmächtig fühlen, wird man Ihnen das mit sehr großer Wahrscheinlichkeit ansehen – und man wird es hören. Umgekehrt kann es Ihnen aber in einer konkreten Situation auch helfen, sich zunächst körpersprachlich aufzurichten, um ein Gefühl innerer Sicherheit zu gewinnen. Die Wechselwirkung zwischen innerer Haltung und Körper funktioniert auch in der umgekehrten Richtung.

Darum geht es in den folgenden Unterkapiteln. Sie lernen die Grammatik einer durchsetzungsstarken Körpersprache und das Geheimnis einer selbstsicheren Stimme kennen und erfahren, warum Klarheit über ihre eigenen Ziele so wichtig ist, um nach außen durchsetzungsstark zu wirken.

Haltung und Körperhaltung: Wie Ihnen Ihr Körper hilft, Ihr Selbstbewusstsein aufzubauen

Nach dem Telefongespräch mit ihrer Freundin Tanja lässt sich Tina müde aufs Sofa plumpsen und ärgert sich über sich selbst. Schließlich hat der Tag für sie mit einer bitteren Niederlage geendet. Während sie durch die Sender zappt, geht ihr das Telefongespräch mit Tanja nicht aus dem Kopf. „Klingt alles logisch – aber wie setze ich das nur um?“, denkt sie. „Ob ich das wohl schaffe? Manchmal glaube ich, eher lernt ein Stachelschwein Rückenschwimmen als ich, diesem Haufen im Büro die Grenzen aufzuzeigen.“

Dann bleibt sie beim Zappen an einem Film hängen, den sie schon ein paarmal gesehen hat. *Catch me if you can* mit Leonardo DiCaprio. DiCaprio spielt darin den Hochstapler Frank W. Abagnale Junior. Mit einer Unverfrorenheit, die Tina kaum fassen kann, gibt sich dieser Mr Abagnale zunächst als Pilot, später als Oberarzt und schließlich als erfolgreicher Rechtsanwalt aus, ohne jemals eine Flugschule oder Universität betreten zu haben. So erschwindelt er sich Gratisflüge und Gehaltsschecks. Dabei trägt er eine solche Selbstsicherheit zur Schau, dass niemand auch nur daran denkt, seinen Forderungen und Behauptungen zu widersprechen oder Fragen zu stellen. Nie muss er laut oder aggressiv werden, um zu bekommen, was er will. Sich durchzusetzen scheint für ihn so selbstverständlich zu sein wie das Zähneputzen vor dem Schlafengehen. Man gibt ihm, was er verlangt, einfach weil er nicht den leisesten Zweifel daran sichtbar werden lässt, dass er es auch bekommen wird.

„Keinerlei Substanz, aber ein Auftreten, als würde ihm die Welt gehören“, denkt Tina. Bei ihr ist das eher umgekehrt. Sie hat ihr IT-Studium mit hervorragenden Noten abgeschlossen und ist auf ihrem Gebiet so kompetent wie kaum einer ihrer Kollegen. Trotzdem wird alles, was sie sagt, sofort hinterfragt und oft zerredet. Könnte das neben der inneren Haltung etwa auch etwas mit ihrer Körperhaltung und Körpersprache zu tun haben?

Jetzt ist Tina hellwach. Hoch konzentriert analysiert sie, wie sich DiCaprios geballte körpersprachliche Durchsetzungsfähigkeit auf dem Bildschirm zeigt.

Von Schauspielern lernen

Wie also sieht durchsetzungsstarke Körpersprache aus? Ich behaupte, Sie erkennen sie innerhalb von Sekundenbruchteilen. Denken Sie zurück an Ihre Schulzeit. Stellen Sie sich vor, die Sommerferien sind zu Ende und ein neuer Lehrer betritt das Klassenzimmer. Wie lange dauert es, bis Sie einen ersten Eindruck davon haben, ob dieser neue Lehrer sich in der Klasse durchsetzen wird oder ob Sie ihm nun ein Schuljahr lang ungestraft auf der Nase herumtanzen dürfen?

Vermutlich nur wenige Sekunden. Vielleicht ist dieser erste Eindruck falsch, und Sie stellen fest, dass auch jemand mit der Körpersprache eines Arnold Schwarzeneggers ein ganz gemütlicher, umgänglicher und nachgiebiger Typ sein kann, während ein anderer, der Sie mit seiner Körperhaltung und seinen Bewegungen an Mr Bean erinnert, sehr streng und dominant ist. Trotzdem werden Sie diesen Lehrer, so wie er vor Ihnen steht, zunächst einmal entsprechend Ihrem ersten Eindruck von seiner Körpersprache behandeln.

So leicht wir Körpersprache lesen können, so schwer fällt es uns, ihr Vokabular zu entschlüsseln und ihre Grammatik zu verstehen. Warum nur wirkt eine Person so, wie sie wirkt? Was sind die einzelnen Bestandteile, die die Wirkung des Gesamtbilds ausmachen? Diese Fragen stellen wir uns im Alltag so gut wie nie, denn wir nehmen die Körpersprache anderer Menschen als Teil ihrer Persönlichkeit wahr und halten sie für ganz selbstverständlich. Machen wir uns trotzdem einmal daran, die Bestandteile und Regeln durchsetzungsstarker Körpersprache zu durchleuchten.

Rücken gerade, Brust raus, Kopf hoch!

Wenn ich Sie bitte, sich eine durchsetzungsstarke Person vorzustellen, dann formt sich in Ihrem Kopf vermutlich sofort das Bild eines Menschen, der aufrecht mit geradem Rücken dasteht, dessen Schultern ein kleines Stück nach hinten gezogen sind, sodass sich die Brust etwas nach vorne wölbt, der den Kopf erhoben hat, dessen Stand breit und fest ist und der mit seinen Bewegungen und Gesten Raum einnimmt. Mit einem Wort: Sie stellen sich jemanden vor, der sich eher groß als klein macht.

Dass Durchsetzungsstärke für Sie genau so aussieht, liegt in der menschlichen Evolution begründet. Körpersprache ist evolutionsgeschichtlich deutlich älter als unsere gesprochene Sprache, die sich erst vor circa 60.000 bis 100.000 Jahren entwickelt hat – und im Gegensatz zu gesprochener Sprache haben sich die Grundzüge unserer Körpersprache kaum verändert, seit wir als Affen von den Bäumen gestiegen sind. Viele Aspekte davon gehen auf die körperlich ausgetragenen Konflikte unserer haarigen Vorfahren zurück.

Nehmen wir an, zwei Menschenaffen begegnen sich im Urwald und stellen fest, dass sie ein und dasselbe Revier beanspruchen. Was werden sie am jeweils anderen zuallererst wahrnehmen? Richtig! Die Größe. Der größere der beiden Affen kann den Konflikt sehr wahrscheinlich für sich entscheiden. Und nach einem kurzen Abschätzen des jeweils anderen ist beiden Affen meistens auch klar, welcher von beiden der Größere ist. Damit die beiden den Konflikt im besten Fall auch gar nicht austragen müssen, wird derjenige, der glaubt, der Stärkere zu sein, sich noch ein bisschen größer machen, als es eigentlich der Realität entspricht. Er wird sich aufrichten und auf zwei Beinen stehend auf die Brust trommeln.

Oft langt das schon. Größe macht Eindruck und der (vermeintlich) kleinere Rivale trollt sich, ohne dass es zum Kampf kommt. In der Evolution bietet solches Verhalten, bei dem die eigene Zuversicht in körperliche Größe umgesetzt wird, viele Vorteile. Sowohl der Stärkere als auch der Schwächere vermeiden dadurch blutige Kämpfe und möglicherweise schwere Verletzungen.

Größe bedeutet Dominanz

Stellen Sie sich nun vor, der gerade noch siegreiche Menschenaffe begegnet einem Leoparden. Einem hungrigen Leoparden mit scharfen Krallen und Zähnen. Vor wenigen Momenten hat sich unser Gorilla noch als König des Urwalds aufgeführt. Nun muss er befürchten, als Frühstück im Bauch einer schwarz-gelb gefleckten

Raubkatze zu enden. Seine Selbstsicherheit schlägt in Angst um. Ganz automatisch macht er sich klein, während er möglichst unauffällig den Rückzug antritt. Den Kopf senkt er auf die Brust, um den verletzlichen Hals zu schützen. Die Schultern fallen nach vorne, um den leicht verwundbaren Bauch zu verdecken, und insgesamt möchte unser haariger Verwandter nun möglichst wenig (Angriffs-)Fläche bieten, möglichst klein sein und am besten gar nicht gesehen werden.

Es mag Ihnen befremdlich vorkommen, aber davon steckt noch deutlich mehr in uns, als Sie wahrhaben möchten. Wenn Ihr Chef Ihnen eine Standpauke hält, dann baut er sich möglicherweise genau wie ein Gorilla vor Ihnen auf und demonstriert damit auf körperlicher Ebene seine Zuversicht, derjenige zu sein, der am längeren Hebel sitzt. Sie dagegen ducken sich automatisch weg, schlagen den Blick nach unten und nehmen eine Schutzhaltung ein.

Der Pantomime und Körpersprache-Experte Samy Molcho hat den Körper einmal als Handschuh der Seele bezeichnet. Diese Metapher bringt es auf den Punkt. Die Form des Handschuhs folgt immer der Form dessen, was sich in ihm befindet. Der Körper folgt dem, was wir in unserem Inneren fühlen. Und weil es für unsere Vorfahren in den Urwäldern Afrikas nützlich war, sich äußerlich groß zu machen, wenn sie sich innerlich stark und mächtig gefühlt haben, und sich äußerlich klein zu machen, wenn sie sich innerlich schwach und ohnmächtig gefühlt haben, tun wir das heute immer noch.

Der Körper ist der Handschuh der Seele

Experimente, die die Psychologin Jessica Tracy mit geburtsblinden Sportlern durchführte, verdeutlichen den Zusammenhang zwischen den Gefühlen von Macht und Ohnmacht und unserer Körperhaltung besonders eindringlich. Wer von Geburt an blind ist, der konnte sich niemals ein Bild von der Körpersprache seiner Mitmenschen machen. Die Körpersprache, die er selbst nach außen trägt, kann er sich daher nirgendwo abgeschaut haben. Sie muss vielmehr einem inneren Programm folgen. Und tatsächlich: Gewinnt ein blinder Sportler bei einem Wettbewerb, dann reißt er die Arme nach oben und macht sich groß. Verliert er und fühlt er sich daher schwach, gedemütigt und ohnmächtig, dann fallen die Schultern nach vorne, der Kopf senkt sich und er macht sich klein. Dieses Verhalten ist so typisch, dass wir es sogar als sprachliches Bild verwenden. Wir sprechen davon, dass jemand „einknickt", wenn er nachgeben muss oder eine Forderung zurücknimmt.

Deshalb war es mir auch so wichtig, zuerst über die innere Haltung zu sprechen, mit der wir uns im letzten Kapitel beschäftigt haben. Wenn Ihre innere Haltung von Angst und Passivität geprägt ist, müssen Sie schon ein sehr guter Schauspieler sein, um nach außen Selbstsicherheit und Durchsetzungsstärke auszustrahlen. Aber Gott sei Dank haben Sie Ihre innere Haltung im letzten Kapitel ja neu ausgerichtet und auf das solide Fundament Ihres ganz persönlichen Rechtekatalogs gestellt.

Trotzdem: Die wenigsten Menschen, die zuvor eine passive innere Haltung hatten, werden sich sofort selbstsicher und stark fühlen, nachdem sie ihren Rechtekatalog erarbeitet haben. Das kommt erst, wenn die neue innere Haltung nach und nach gelebte Realität geworden ist. Wie also finden Sie in der Übergangsphase zu einer selbstsicheren und durchsetzungsstarken Körperhaltung?

Die amerikanische Sozialpsychologin Amy Cuddy gibt eine höchst erstaunliche und sehr simple Antwort auf diese Frage:

Fake it till you make it

„Fake it till you make it." Tun Sie einfach so, als ob Sie schon selbstsicher und durchsetzungsstark wären. Egal, ob Sie stehen oder sitzen – richten Sie Ihren Körper auf, als würde Ihr Kopf von einer unsichtbaren Schnur an Ihrem Scheitel nach oben gezogen. Halten Sie den Oberkörper aufrecht, nehmen Sie eine offene Körperhaltung ein und beanspruchen Sie Raum – und zwar schon bevor Sie in ein schwieriges Gespräch gehen. Das macht etwas mit Ihnen. Ihre äußere Haltung kann auch Ihre innere Haltung verändern.

In einem Experiment baten Amy Cuddy und ihre Kollegen eine Gruppe von Testpersonen, genau diese offene und aufrechte Körperhaltung für zwei Minuten einzunehmen, während eine zweite Gruppe von Testpersonen die Anweisung erhielt, sich klein zu machen und in sich zusammengesunken dazustehen oder dazusitzen. Vor und nach diesen zwei Minuten analysierten die Wissenschaftler den Spiegel des Dominanz-Hormons Testosteron und des Stress-Hormons Cortisol im Speichel aller Testpersonen. Gleichzeitig durften sich die Teilnehmer entscheiden, ob sie bei einem Glücksspiel bereit waren, Risiken einzugehen.

Bei den Teilnehmern, die sich körperlich aufgerichtet hielten, stieg der Testosteronspiegel im Laufe der zwei Minuten an und der Cortisolspiegel sank. Bei der Kontrollgruppe – den Teilnehmern, die eine in sich zusammengesunkene Körperhaltung eingenommen hatten – verhielt es sich genau umgekehrt. Testosteron macht uns dominant und selbstsicher, während Cortisol unser Stresslevel steigen lässt. Und wie viel Testosteron und Cortisol unser Körper ausschüttet, lässt sich diesem Experiment zufolge durch die Körperhaltung beeinflussen, die wir bewusst und willentlich einnehmen. Der Hormonspiegel beeinflusst dann in einem zweiten Schritt unser Verhalten. So waren die Teilnehmer, die sich aufgerichtet hatten, eher als die Kontrollgruppe bereit, in einem Glücksspiel Risiken einzugehen.

Die Körperhaltung beeinflusst Gefühle und Handeln

Auch wenn Amy Cuddys Experimente in der Wissenschaft durchaus umstritten sind – die Veränderungen im Hormonspiegel konnten in späteren Studien nicht in allen Fällen repliziert werden –, lohnt es sich für Sie, es einfach auszuprobieren.

Richten Sie sich also ganz bewusst auch dann körperlich auf, wenn Sie sich innerlich noch unsicher fühlen. Achten Sie dabei auch auf Ihre Arme. Sie nehmen mehr Raum ein und wirken in Ihrer Körperhaltung offener, wenn Ihre Arme nicht direkt am Körper anliegen, sondern wenn noch ein wenig Luft zwischen Armen und Oberkörper hindurchpasst. Und Sie wirken ruhig und ausgeglichen, wenn Sie Ihre Hände locker leicht oberhalb der Gürtellinie ineinanderlegen, ohne sie ineinander zu verknoten.

Auch Gesten sollten Sie oberhalb der Gürtellinie ausführen. Bei tiefen Gesten unterhalb der Gürtellinie fallen Ihre Schultern automatisch nach vorne und Sie wirken kleiner, als

Hände bleiben oberhalb der Gürtellinie

Sie wirken wollen. So etwas passt zu einer Trauerrede oder zur Presseerklärung eines Fußballtrainers, dessen Team gerade seine siebte Niederlage in Folge verkraften muss. Wenn Sie aber Zuversicht und Stärke ausstrahlen wollen, dann sollten Sie Ihre Hände beim Gestikulieren auch nach oben führen und sie ungefähr in einem Korridor zwischen Gürtellinie und Brust bewegen.

Eine insgesamt symmetrische Körperhaltung, bei der wir unserem Gegenüber den ganzen Körper zuwenden, wirkt selbstsicherer als eine ungleichförmige. Denken Sie an den aufrecht stehenden Gorilla, der sich auf die Brust trommelt. Er steht dabei symmetrisch vor seinem Kontrahenten und schaut ihn direkt an. Wenn wir unserem Gesprächspartner nur den Kopf oder Oberkörper zuwenden, während unser Becken oder unsere Füße sich schon abgewendet haben, sieht das aus, als hätten sich unsere Beine schon entschlossen, die Flucht zu ergreifen, während der Oberkörper noch auf den richtigen Moment wartet, um das Signal zum Laufen zu geben. Bei einem Gorilla würde das lächerlich wirken – und auch wir bleiben damit unter unseren Möglichkeiten.

Symmetrie wirkt durchsetzungsstark

Mit unseren Augen übermitteln wir eines der stärksten körpersprachlichen Signale, die es gibt. Kennen Sie Menschen, die es nicht schaffen, Ihnen in die Augen zu schauen, oder die Sie mit gesenktem Blick von unten aus ansehen? Diese Menschen rutschen dadurch automatisch in die Rolle des Underdogs. Es fällt uns schwer, sie ernst zu nehmen, und wir gestehen ihnen das Recht auf Durchsetzung ihrer Interessen meist nicht zu. Ein ausweichender Blick bringt den Wunsch zum Ausdruck, nicht gesehen zu werden, und geht meistens mit einem abgesenkten Kinn einher, das den verletzlichen Hals schützt. Beobachten wir diesen Schutzreflex bei anderen, triggert das in uns ein archaisches Denkprogramm, das uns den Befehl gibt: „Den kannst du übergehen und ignorieren!"

Blickkontakt ist ein Zeichen von Durchsetzungsstärke

Nun sollten Sie Ihr Gegenüber nicht in Grund und Boden starren, um dieses Programm auszuhebeln – aber selbstbewusst und freundlich immer wieder Augenkontakt zu suchen, bringt Augenhöhe in der Beziehung zum Ausdruck.

Halten Sie Ihren Kopf gerade. Ein zur Seite geneigter Kopf wirkt niedlich, aber schwach, denn damit legen Sie die Schlagadern an Ihrem Hals frei und zeigen sich verletzlich. Bei Hunden oder Wölfen bringt dieses Verhalten Unterwürfigkeit zum Ausdruck und soll beim Alphatier eine Beißhemmung auslösen. Auch Menschen tendieren dazu, dieses Signal als Unterwürfigkeitssignal zu deuten. Wenn es gut läuft, kann eine solche Kopfhaltung auch in der Menschenwelt bei den männlichen Alphatieren einen Schutzreflex auslösen. Zum Beispiel wenn Tina mit zur Seite gelegtem Kopf und einem Bambi-Blick von unten herauf ihren Kollegen Tim darum bittet, eine schwere Kiste vom Regal zu heben. In einem Meeting würde ich mich aber nicht darauf verlassen, dass eine solche Kopfhaltung Beißhemmungen auslöst. In jedem Fall führt sie zu einem Statusverlust.

Geneigter Kopf wirkt unterwürfig

Genauso ist das auch mit dem Lächeln. Als Beobachter fällt es Ihnen sehr leicht, ein unterwürfiges Lächeln von einem freundschaftlichen Lächeln oder einem Siegerlächeln zu unterscheiden, weil Programme in Ihrem Kopf darauf getrimmt sind, diese Entscheidung automatisch innerhalb von Sekundenbruchteilen vorzunehmen. Zu erklären, woran genau wir die Unterscheidung festmachen, ist dagegen ausgesprochen schwer. Ganz allgemein lässt sich sagen, dass ein Dauerlächeln Sie eher schwach erscheinen lässt – vor allem, wenn es mit einem Blick von unten nach oben kombiniert wird. Dieses Lächeln ist das Lächeln einer Person, die gefällig sein will – wie etwa ein Diener, der Anweisungen einer höherstehenden Person annimmt. Diese höherstehende Person wird nicht die ganze Zeit lächeln. Vor allem wird sie es nicht tun, wenn sie eine Anweisung erteilt. Erst wenn die Anweisung zur Zufriedenheit ausgeführt wurde und sie das Lächeln für angemessen hält, zieht sie die Mundwinkel nach oben.

Dauerlächeln wirkt devot

Wenn Sie Ihre Körpersprache so anpassen wie oben beschrieben, wird mit der Zeit auch Ihre innere Haltung nachziehen. Eine durchsetzungsstarke Körperhaltung verstärkt die durchsetzungsstarke innere Haltung und umgekehrt.

Bleiben Sie authentisch

Dabei sollten Sie es aber nicht übertreiben. Zum einen werden Sie mit Ihrer neuen Körperhaltung nur dann Erfolge einfahren, wenn Sie als Person im Ganzen authentisch wirken. Weniger ist daher am Anfang häufig mehr. Konzentrieren Sie sich zunächst auf eine Sache – zum Beispiel das Aufrichten des Oberkörpers –, und arbeiten Sie an Ihren anderen körpersprachlichen Baustellen erst dann weiter, wenn Ihnen diese eine körpersprachliche Veränderung authentisch und natürlich vorkommt.

Zum anderen bringt Sie ein Zuviel an Raumeinnehmen und Sichgroßmachen in die Gefahr, als arrogant erlebt zu werden. Denken Sie an jemanden, den Sie arrogant finden. Wie steht diese Person vor Ihnen? Vermutlich ebenfalls aufrecht. Vielleicht hat sie die Hände in die Hüften gestemmt oder die Arme über der Brust gekreuzt. Oder die Innenseiten der Arme sind nach außen gedreht. Sie steht breitbeinig da und die Fußspitzen weisen nach außen. Das Becken ist nach vorne geschoben, das Kinn nach oben gezogen und mit ihrem Blick fixiert sie ihr Gegenüber von oben herab.

Auf ihre Umwelt wirkt so eine Person wie ein Gorilla, der zwar eigentlich kleiner als sein Gegenüber ist, das aber nicht wahrhaben möchte und sich daher als besonders groß präsentiert. Sie ahnen bereits, welchen Ausgang so etwas im Urwald nehmen würde. Jetzt droht eine heftige Abreibung.

Damit Ihnen das nicht passiert, empfehle ich Ihnen, es einfach wie Tina zu machen und den nächsten Spielfilm, den Sie sehen, mit einem analytischen Blick zu betrachten. Hier können Sie beobachten, wie Durchsetzungskraft, Aggressivität, Passivität und Arroganz körpersprachlich ausgedrückt werden (und Sie können sogar zurückspulen!). Wahrscheinlich wird Ihnen dabei auch auffallen, dass neben der Körperhaltung auch die Bewegungen, die Menschen ausführen, darüber entscheiden, ob wir sie als durchsetzungsstark wahrnehmen. Damit beschäftigen wir uns im nächsten Kapitel.

Auf den Punkt gebracht:

- Körpersprache ist deutlich älter als unsere verbale Sprache – und wenn wir die Durchsetzungsstärke unseres Gegenübers einschätzen wollen, orientieren wir uns zuerst an körpersprachlichen Merkmalen.
- Wer sich aufrichtet und Raum einnimmt, wirkt durchsetzungsstark. Wer sich klein macht, wirkt durchsetzungsschwach.
- Unsere Körperhaltung beeinflusst laut Amy Cuddy unseren Hormonhaushalt – und somit auch unsere innere Haltung. Richten Sie sich also auf, auch wenn Sie sich innerlich klein fühlen.
- Eine symmetrische Körperhaltung wirkt souverän. Eine asymmetrische Haltung verrät Unsicherheit.
- Halten Sie Blickkontakt und demonstrieren Sie, dass Sie sich auf Augenhöhe bewegen.

Ziel und Bewegung: Wie Sie eine durchsetzungsstarke Ruhe ausstrahlen

Durchsetzungskraft hat viel mit einer Klarheit über die eigenen Ziele zu tun. Das gilt auch für die Körpersprache. Eine Person, die uns durchsetzungsstark erscheint, bewegt sich ruhig, bestimmt und zielgerichtet. Diese ruhigen und zielgerichteten Bewegungen lassen auf eine innere Sicherheit und hohes Selbstbewusstsein schließen. Wer selbstsicher ist, der öffnet eine Tür (nach dem Anklopfen) ruhig, aber entschlossen – nicht zögerlich und stockend. Er gibt anderen ruhig und fest die Hand, ohne dabei zurückzuzucken oder innezuhalten und ohne dass sich der Handschlag anfühlt, als hätte man in einen toten Fisch gegriffen. Wenn er einen Stift braucht, nimmt er ihn und benutzt ihn – aber er spielt nicht damit.

Stockende, hastige oder zögerliche Bewegungen verstehen wir dagegen als Anzeichen von innerer Unsicherheit und Schwäche. Solche Anzeichen nehmen wir bei anderen unterbewusst sofort wahr und reagieren entsprechend – ohne sagen zu können, worauf wir eigentlich reagieren. Wer eine Bewegung zögerlich ausführt, der scheint sich in einem inneren Zwiespalt zu befinden und zu kämpfen. Mit einer Stimme, die das, was getan wird, für richtig hält, und mit einer zweiten, die anderer Meinung ist. Eine solche Körpersprache ist, wenn es um Durchsetzungskraft geht, für unser Gegenüber oft ein Signal zum Angriff. Schließlich muss sich unser Gesprächspartner ja nur gegen eine Hälfte unseres Selbst durchsetzen, denn die andere Hälfte scheint bereits auf seiner Seite zu stehen.

Stockende Bewegungen verraten Unsicherheit

Auch Bewegungen ohne Ziel, die nur dazu dienen, innere Spannung abzubauen, lassen uns schwach erscheinen. Erinnern Sie sich an die Metapher von Samy Molcho, dass der Körper der Handschuh der Seele sei? Das gilt auch hier: Hinter einem zappeligen Körper verbirgt sich demnach eine höchst unruhige Seele. Unruhige Seelen sind aber nicht durchsetzungsstark, denn sie haben keine Klarheit über das, was sie wollen, und die Richtung, in die sie sich bewegen müssen, um es zu bekommen.

Wer weiß, was er will, bewegt sich auch körperlich zielgerichtet. Doch wie oft führen wir, wenn wir angespannt sind, unbewusste Bewegungen aus, die ganz und gar nicht zielgerichtet sind? Wer sich bei einer Verhandlung alle dreißig Sekunden eine Haarsträhne aus der Stirn streicht, unwillkürlich mit einem Stift oder Schmuckstück spielt oder bei einem Vortrag das eigene Körpergewicht ständig von einem Bein auf das andere verlagert, der macht seine Nervosität und innere Unsicherheit sichtbar. Auch das ist für unser Gegenüber ein unbewusst wahrgenommenes, aber glasklares Signal, nachzubohren, Druck zu machen und unsere Position infrage zu stellen.

Zielgerichtete Bewegungen wirken durchsetzungsstark

Wie bewegen Sie sich, wenn Sie unter Anspannung stehen? Bitten Sie doch einmal einen guten Freund darum, Sie in einer solchen Situation zu beobachten und Ihnen Feedback zu Ihren Bewegungen und Ihrer Körpersprache zu geben. Sie selbst werden es nämlich in der betreffenden Situation gar nicht merken, wenn Sie zappeln, wippen oder am Knopf Ihres Hemdsärmels spielen.

Wenn Sie durch dieses Feedback wissen, wie Sie sich in angespannten Situationen bewegen, dann fällt es Ihnen in der nächsten Stresssituation leichter, unbewusste Bewegungen zu unterdrücken. Sie wirken dann ruhiger, souveräner und durchsetzungsstärker.

Auf den Punkt gebracht:

- Zielgerichtete Bewegungen, die konsequent durchgeführt werden, wirken durchsetzungsstark.
- Wenn wir nervös sind, führen wir oft unwillkürliche Bewegungen aus, um innere Spannung abzubauen. Solche Bewegungen lassen uns unsicher erscheinen.
- Bitten Sie einen Freund, Sie in einer Stresssituation zu beobachten und Feedback zu geben, damit Sie wissen, welche unwillkürlichen Bewegungen Sie nicht mehr ausführen sollten.

Stimme und Stimmung: Wie Durchsetzungsstärke klingt

Wenn wir eine fremde Person vor uns sehen, machen wir uns auf Basis der Körperhaltung und -sprache unmittelbar ein Bild davon, welchen Status sie uns gegenüber einnimmt und für wie durchsetzungsstark wir sie halten. Aber wie ist es am Telefon, wenn wir nur hören, aber nichts sehen? Kommunizieren wir hier im Hinblick auf Durchsetzungsfähigkeit im Blindflug?

Nach einer Studie des amerikanischen Psychologen Albert Mehrabian hängt die emotionale Wirkung unserer Kommunikation zu 55 Prozent von der Körpersprache, zu 38 Prozent von der

Stimme und nur zu 7 Prozent von den gesprochenen Worten ab. Die Stimme spielt also eine sehr wichtige Rolle – selbst wenn wir unser Gegenüber nur hören und nicht sehen können, versuchen wir sehr schnell, unseren Gesprächspartner einzuschätzen.

Schon der antike Philosoph und Kirchengelehrte Augustinus Aurelius wusste: „In dir muss brennen, was du in anderen entzünden willst." Wenn eine durchsetzungsstarke Person für eine Überzeugung brennt, dann hört man das sehr deutlich. Der besondere Klang der Stimme bewegt uns dazu, der betreffenden Person zu folgen – inhaltlich und manchmal auch körperlich.

Warum ist das so? Warum folgen wir in der Regel nur Menschen, die starke Meinungen haben und das auch mit jeder Faser ihres Körpers und jedem gesprochenen Laut ausstrahlen? Warum muss deutlich werden, dass ein Mensch für eine Sache brennt, damit er sich durchsetzen kann?

Über Jahrtausende der Evolution haben wir gelernt, dass es tödlich sein kann, einem Führer zu folgen, der mit seinen Zielen hadert. Der Chef einer Steinzeitsippe möchte seine Jäger davon überzeugen, eine neue Methode zum Jagen von Mammuts auszuprobieren, aber seine Körpersprache und Stimme verraten dabei ganz unwillkürlich eine innere Zerrissenheit, Nervosität und Unsicherheit. Dann ist die neue Methode vielleicht doch nicht ganz so sicher und effektiv, wie der Häuptling in seiner Rede behauptet. Vielleicht werden die Zweifel des Häuptlings schließlich Auge in Auge mit dem Mammut noch wachsen. Dann wird er die Attacke nur halbherzig ausführen oder einfach kneifen und die Beine in die Hand nehmen. Wer auch immer diesem Häuptling bei der Jagd gefolgt ist, sitzt jetzt in der Patsche und muss die Suppe allein auslöffeln, die ihm da eingebrockt wurde.

Innere Zerrissenheit hört man

Dagegen wird ein Häuptling, der sich vollständig mit seiner Idee identifiziert, die Sache auch konsequent bis zum letzten Schritt verfolgen. Beim Angriff auf das Mammut steht er in vorderster Reihe, weil ihm die Angelegenheit über alle Maßen wichtig ist. Scheitert seine Idee, begreift er das als Scheitern seiner Person –

und er wird alles tun, um nicht zu scheitern. Deshalb lassen die Jäger zu, dass er sich durchsetzt. Deshalb folgen sie ihm.

Wie also klingt es, wenn ein Mensch mit sicherer Stimme durchsetzungsstark spricht? Seine Stimme strahlt eine gewisse Ruhe aus – eine Ruhe, die er in sich fühlt, weil er an seine Idee glaubt. Er spricht nicht zu schnell, weil er sich durch niemanden unter Druck gesetzt fühlt. Im Gegenteil: Wenn er etwas besonders Wichtiges sagt, dann baut er vorher durch eine kleine Pause Spannung auf. Er spricht den wichtigen Satz betont langsam und oft rhythmisch getaktet (wobei das Takten oft mit Gesten unterstützt wird) und lässt die Worte danach durch eine weitere Pause ihre Wirkung entfalten. Kurzum: Ein Mensch, der durchsetzungsstark spricht, nimmt sich Zeit und nutzt seine Stimme, um Wichtiges zu betonen.

Charakteristika einer durchsetzungsstarken Stimme

Wie sich so etwas in der Realität anhört, lässt sich in einem Buch schwer beschreiben. Doch konkretes Anschauungsmaterial ist zum Beispiel auf YouTube nur einen Klick entfernt. Schauen Sie sich dort doch einmal Obamas Keynote Speach auf der Democratic National Convention 2004 an. Auch Steve Jobs, der 2007 das erste iPhone präsentierte, ist ein gutes Beispiel für durchsetzungsstarke Kommunikation und Stimme. Sie werden dann sehr schnell wissen, was ich meine.

Wenn ein durchsetzungsstarker Mensch spricht, atmet er dabei über sein Zwerchfell tief in den Bauch hinein. Seine Bauchdecke hebt und senkt sich bei jedem Atemzug. Brustkorb und Schultern sind dagegen entspannt und heben sich nicht. Weil die Muskulatur entspannt ist, steht dieser Person der gesamte Brust- und Bauchraum bis zum Zwerchfell als Resonanzkörper für seine Stimme zur Verfügung. Seine Stimme klingt dadurch tief und ruhig.

Ruhige Atmung über das Zwerchfell

Bei Tina hatte sich das leider etwas anders angehört, als sie das Team von ihrer Idee einer digitalen Ablage überzeugen wollte. Wer nervös ist, redet häufig zu schnell, denn in Stresssituationen gerät unser Zeitgefühl leicht aus dem Takt und unsere innere Unruhe beschleunigt den Sprachfluss. Wenn wir selbst vor Publikum sprechen, empfinden wir eine fünf Sekunden lange Sprechpause als peinliche Stille, die schon sehr nach Blackout klingt. Zeit vergeht für uns in solchen Situationen schneller als für die Zuhörer, die kurze Pausen kaum registrieren und bestenfalls als rhetorisches Stilmittel wahrnehmen. Kurzum: Tina spricht zu schnell – und macht dabei gar keine Pausen. Weil sie es nicht gewohnt ist, vor dieser Runde zu sprechen, ist sie noch dazu zu leise, betont die einzelnen Wörter so gut wie gar nicht und bleibt immer auf derselben Tonhöhe. So wird ihr Redebeitrag zu einem leisen und undifferenzierten Wortbrei, der an den Ohren ihrer Zuhörer vorbeirauscht, ohne Wirkung zu entfalten. Obwohl sie tatsächlich für ihre Sache brennt, nimmt das Team ihr das einfach nicht ab.

Dazu kommt, dass Tina natürlich furchtbar angespannt ist. Sie atmet schnell – und zwar über Brust und Schultern. Die Bauchdecke bleibt dagegen vor lauter Anspannung starr und der Bauch steht als Resonanzraum nicht mehr zur Verfügung. Tinas Stimme klingt dadurch höher, schriller, leiser und angestrengter, als das normalerweise der Fall wäre. In etwa so wie eine Gitarre oder Geige, wenn man den Klangkörper entfernt. Wer mit hoher oder gar schriller Stimme spricht, wirkt weniger kompetent und durchsetzungsstark – das beweisen verschiedene wissenschaftliche Studien.

Brustatmung schränkt Resonanzraum ein

Wenn wir nervös und angespannt sind und von der Zwerchfellatmung in die Brustatmung wechseln, folgt unser Körper einem uralten Programm, das für unsere Vorfahren sehr nützlich war, für uns aber ausgesprochen hinderlich ist. Schon einmal haben wir uns die Begegnung eines Steinzeitmenschen mit einem Höhlenbären vorgestellt und erlebt, wie der aggressive Autopilot die Kontrolle über Geist und Körper übernimmt. Aber was genau geschieht dabei mit und in unserem Körper?

Betritt der Steinzeitmensch eine dunkle, ihm unbekannte Höhle, in der er eventuell auf einen Höhlenbären treffen könnte, dann macht sich eine gewisse Nervosität in ihm breit. Seine Nebennieren beginnen Adrenalin auszuschütten. Seine Muskeln spannen sich an, damit er im Falle eines Zusammentreffens innerhalb von Sekundenbruchteilen die Beine in die Hand nehmen und rennen oder aber kämpfen kann. Mit kurzen, hastigen oder zögernden Bewegungen tastet er sich langsam vorwärts. Das Herz schlägt schneller, der Kreislauf beschleunigt sich und der Blutdruck steigt, damit genug Sauerstoff zu den Muskeln gelangt. Kleine rote Flecke beginnen sich am Hals abzuzeichnen. Auch der Atem geht jetzt schneller und verlagert sich aus dem Bauchraum in die Brust, die sich jetzt deutlich sichtbar hebt und senkt, damit die Lungen mit einer noch größeren Menge Luft versorgt werden. Die Hände beginnen zu schwitzen, der Mund wird trocken, und unser Steinzeitmensch wirft hastige Blicke um sich, um jede noch so kleine Bewegung im Dunkel der Höhle sofort zu registrieren.

Der aggressive Autopilot befindet sich in diesem Moment bereits im Stand-by-Modus, und das Knacken eines Astes, ein rollender Stein oder ein Schatten, der sich im hinteren Teil der Höhle bewegt, genügen, um ihn vollständig zu aktivieren und die automatische Flucht- oder Kampfreaktion auszulösen. Ein uraltes Programm, dem Sie Ihre Existenz verdanken. Ohne diesen Aktivierungsmechanismus des aggressiven Autopiloten wären Ihre Vorfahren mit großer Sicherheit gefressen worden.

Biologisch gesehen gleichen Sie und ich dem oben beschriebenen Steinzeitmenschen praktisch vollständig. In den wenigen Tausend Jahren, die uns von diesem Vorfahren trennen, hat sich an Körper und Gehirn kaum etwas verändert. Allerdings ist die Umwelt, in der wir uns bewegen, heute eine radikal andere. Höhlenbären sind dank unserer nervösen Vorfahren inzwischen ausgestorben und das Überleben moderner Menschen hängt nur noch in den seltensten Fällen vom schnellen und präzisen Schleudern eines feuersteinbesetzten Speers ab.

Flucht oder Kampf im Meetingraum

Aber auch der moderne Mensch begibt sich ab und an in Situationen, die für heftige Adrenalin-Ausschüttungen sorgen. Was dem Steinzeitmenschen die dunkle Höhle war, ist dem modernen Menschen das Rednerpult oder der Meetingraum. Sicher sind Sie schon darauf gekommen, dass Tinas körperliche Reaktionen beim Teammeeting (die roten Flecke am Hals, der unsichere Blick, die flache Brustatmung) auffällig an die des oben beschriebenen Steinzeitmenschen in der Höhle erinnern. Nur dass alles, was unseren Vorfahren das Überleben sicherte, nun ausgesprochen hinderlich ist. Statt mit Speeren kämpfen wir heute mit Worten – und die klingen einfach nicht gut, wenn sie mit trockenem Mund, einer schrillen Stimme und ohne die Resonanz des Bauchraums gesprochen werden. Wer in angespannter und nervöser Stimmung das Wort ergreift, den lässt die eigene Stimme eben häufig im Stich. Auch die hastigen Bewegungen und der schnell wandernde Blick einer solchen Person wirken im Business-Kontext alles andere als souverän.

Was können wir tun, um Stimmung und Stimme aus der Nervositätsfalle zu befreien und unseren Worten mehr Durchsetzungsstärke zu verleihen? Kehren wir kurz noch einmal zu unserem Steinzeitmenschen zurück, um diese Frage zu beantworten. Stellen wir uns vor, er hätte die dunkle Höhle unter Todesangst erkundet und keinen Höhlenbären darin gefunden. Daraufhin hätte er seine am Eingang wartende Familie nachgeholt, ein Feuer angezündet und sich in der Höhle häuslich niedergelassen. Wäre er nun noch nervös? Würden sich immer wieder aufs Neue all die Zeichen geistiger und körperlicher Anspannung und Unruhe bei ihm abzeichnen, wenn er nach einem Jagdausflug zu seiner Höhle zurückkehrt? Wohl kaum! Die Höhle ist ihm nun vertraut und er fühlt sich sicher. Und dieses Gefühl der Sicherheit hört man, wenn er spricht.

Wenn der Meetingraum die moderne Entsprechung dunkler steinzeitlicher Höhlen ist, dann wissen Sie nun, was Sie zu tun haben. Erweitern Sie Ihre Komfortzone. Melden Sie sich in Meetings zu Wort – auch wenn Sie nichts Sensationelles zu sagen haben. Bringen Sie Ihre Meinung ein, auch wenn es gerade um nichts geht, das Ihnen wirklich wichtig ist. Ihre Wortbeiträge können auch kurz und knapp ausfallen. Sie können darin bestehen, dass Sie einem Vorredner zustimmen oder bereits Gesagtes zusammenfassen. Wichtig ist, *dass* Sie sich zu Wort melden, denn mit jeder Wortmeldung wird Ihnen die dunkle Meetingraum-Höhle ein Stück vertrauter. Nach und nach werden Sie feststellen, dass kein Höhlenbär darin auf Sie wartet, um Sie zu fressen. So gewinnen Sie Sicherheit. Die Stimmung entspannt sich und Ihre Stimme gewinnt an Stärke. Eine Stärke, die anhält, auch wenn es einmal wirklich um etwas geht, das Ihnen wichtig ist, und Sie Ihren Standpunkt auch gegen Widerstand verteidigen müssen.

Das genügt Ihnen nicht? Sie wollen weiter an Ihrer durchsetzungsstarken Stimme feilen und Ihre Wirkung perfektionieren? In Spielfilmen finden Sie immer wieder Szenen, in denen sich Menschen in Meetings, vor Gericht oder als Redner vor großen Menschengruppen durchsetzen müssen. Wenn Sie eine solche Szene sehen, dann drücken Sie auf die Aufnahme-Taste ihres Festplatten-Rekorders oder besorgen Sie sich die DVD des betreffenden Films. Analysieren Sie die Sprache des Schauspielers in dieser Szene genau und notieren Sie sich den Text in Stichworten. Sprechen Sie dann den Part des Schauspielers und nehmen Sie sich dabei auf. Lesen Sie nicht ab, wenn Sie sprechen. Sprechen Sie frei – auch wenn es nicht wortwörtlich auf den Text ihrer Vorlage hinausläuft. Nur wenn Sie frei sprechen, betonen Sie natürlich.

Spielfilme als Stimmtrainer

Vermutlich wird Ihnen dabei auffallen, dass solche durchsetzungsstarken Redebeiträge fast immer aus kurzen Sätzen bestehen und sich die Stimme am Ende jedes Satzes deutlich senkt. Unter Schauspielern und Sprechern bezeichnet man das als „auf den Punkt sprechen“. Wenn Menschen so sprechen, klingt das besonders nachdrücklich.

Auf den Punkt sprechen

Sprechen Sie auf den Punkt? Die meisten Menschen glauben, das zu tun – und tun es trotzdem nicht. Setzen Sie sich in ein Café oder das nächste Meeting und achten Sie einmal ganz bewusst darauf, was die Sprecher am Ende ihrer Sätze mit ihrer Stimme anstellen. Wo würden Sie einen Punkt setzen, wenn Sie das Gesprochene wortwörtlich mitschreiben müssten? Die allermeisten Menschen bilden lange Satzgirlanden, in denen sie mehrere Teilsätze mit „und“ verknüpfen und dabei mit der Stimme oben bleiben. Man hört so gut wie keine Punkte.

In etwa so spricht auch Tina: „Die Scanner-Station kann uns wirklich viel Arbeit ersparen (Stimme zieht nach oben), und sie spart uns noch dazu viel Platz (Stimme zieht nach oben), weil wir das ganze Archiv nicht mehr brauchen und den Raum für etwas anderes nutzen können (Stimme zieht nach oben), und Papier sparen wir natürlich auch noch, das ist ja gut für die Umwelt (Stimme zieht nach oben) ...“

Vor jedem „und“ wechselt Tina in eine höhere Stimmlage. Dadurch betont sie die Teilsätze aber so, als ob es Fragen wären.

Satzgirlanden klingen unsicher

Tun Sie das nun bitte auch kurz einmal und lesen Sie den ersten Satz von Tinas Argumentation noch einmal – nur diesmal so betont, als ob es eine Frage wäre: „Die Scanner-Station kann uns wirklich viel Arbeit ersparen?“ Das hört sich von der Betonung her genauso an wie Tinas Aussage – nur dass Tina den Satz dann mit einem „und“ weiterführt.

Tina betont Aussagen also, als ob es Fragen wären – und viele Menschen tun das im Alltag ebenfalls. Diese Menschen nehmen ihrer Sprache dadurch einen erheblichen Teil ihrer Durchsetzungskraft und Autorität.

Vergleichen Sie diese sehr häufige Art der Stimmführung einmal mit dem „Auf-den-Punkt-Sprechen“ von Schauspielern in durchsetzungsstarken Rollen. Sprechen Sie dann den Text der jeweiligen Szene nach. Spielen Sie dabei mit Pausen, dem Sprechtempo und der Betonung einzelner Wörter. Möglicherweise werden Sie feststellen, dass Ihre Aufnahme im Vergleich zum Vorbild noch nicht ganz so lebhaft und eindringlich klingt – dass man noch nicht hören kann, wie es in Ihnen brennt, und man als Zuhörer daher auch nicht ganz so leicht Feuer fängt. Lassen Sie sich nicht entmutigen und bringen Sie mehr Emotion in Ihre Stimme. Auch wenn Ihr Redebeitrag Ihnen während des Sprechens möglicherweise total übertrieben vorkommt – beim Anhören Ihrer Sprachaufnahme werden Sie vermutlich feststellen, dass es so genau richtig klingt.

Auf den Punkt gebracht:

- In Ihnen muss brennen, was Sie in anderen entzünden möchten – und man muss hören, dass es brennt.
- Klarheit über das eigene Ziel ist Voraussetzung für eine durchsetzungsstarke Stimme.
- Bei einer durchsetzungsstarken Stimme erfolgt die Atmung über das Zwerchfell. Der Bauch dient als Resonanzraum. Tiefere Stimmen werden als durchsetzungsstärker wahrgenommen.
- Wer langsam spricht und dabei Pausen macht, wirkt durchsetzungsstärker als eine Person, die schnell spricht und auf Pausen verzichtet.
- Nervosität hört man. Bauen Sie Nervosität langfristig ab, indem Sie sich zum Beispiel in Meetings regelmäßig zu Wort melden – und wenn es nur ist, um Ihrem Vorredner beizupflichten. Mit der Zeit wird es für Sie normal, sich zu Wort zu melden – und das hört man.
- Sprechen Sie Ihre Sätze auf den Punkt, indem Sie die Stimme am Ende jedes Satzes senken. Bauen Sie keine langen Satzgirlanden, indem Sie eigentlich eigenständige Sätze jeweils mit „und“ aneinanderknüpfen und die Stimme am Ende der Teilsätze nach oben ziehen.

4. Auf die Beziehungsebene kommt es an: Wie durch Sprache Respekt entsteht

Gegenseitiger Respekt ist die zentrale Voraussetzung dafür, dass ein Sichdurchsetzen ohne Ellenbogen gelingen kann. Wenn der Respekt fehlt, wenn wir unserem Gesprächspartner zu verstehen geben, dass wir ihn und seine Ideen nicht anerkennen und respektieren, dann entsteht automatisch Widerstand. Ein emotionaler Widerstand, der sich dann oft nur noch mit Machtmitteln überwinden lässt. Kommen Machtmittel zum Einsatz, nimmt die Beziehung aber mit großer Sicherheit dauerhaften Schaden.

Es geht also darum, unseren Gesprächspartner als Person anzuerkennen und ihm zu verstehen zu geben, dass wir seine Interessen nachvollziehen können, während wir gleichzeitig unsere Interessen einfordern und unsere Sachziele nicht aus den Augen verlieren. Die beiden Harvard-Professoren Roger Fisher und William Ury haben diese Haltung mit dem Satz „Sei hart in der Sache, aber weich zu den Menschen“ auf den Punkt gebracht. Wir können uns deutlich leichter durchsetzen, wenn wir unserem Gegenüber ein „Ich bin okay – du bist okay“ zurückspiegeln. Doch das ist leichter gesagt als getan.

Unser aggressiver Autopilot möchte nicht, dass wir „weich zum Menschen“ sind. Ab einem gewissen Frustrationsniveau verspüren wir einen inneren Drang, deutlich sichtbar und hörbar zu machen, für wie „falsch“ wir ihn (mit seinen Gedanken, seinen Interessen, seinen Handlungen und seiner gesamten Person) halten. Unser passiver Autopilot möchte dagegen nicht, dass wir „hart in der Sache“ sind. Er lässt uns – ohne dass wir uns dessen bewusst werden – Wörter sagen, mit denen wir uns kleinmachen und unsere Anliegen vorschnell aufgeben.

Die folgenden Unterkapitel zeigen, wie Sie Sprache nutzen können, um Beziehungen respektvoll zu gestalten und gleichzeitig in der Sache durchsetzungsstark für sich einzustehen.

Wie Sie für Ihre Anliegen einstehen, ohne Beziehungen zu gefährden

Die ersten Semester meines Studiums an der Universität Heidelberg habe ich nicht besonders genossen. Der Stoff war sehr theoretisch und die meisten Dozenten wirkten auf mich gelangweilt und distanziert. Besonders ein Professor brachte mich wirklich auf die Palme. Sein Seminar ist mir bis zum heutigen Tag als eines der schlechtesten in Erinnerung geblieben, die ich jemals besucht habe. Er trug den Stoff so trocken und teilnahmslos vor, dass mir im Vergleich zu diesem Seminar sogar die Wüste Gobi als eine lebensbejahende Oase vorgekommen wäre. Der Dozent dozierte, wir dämmerten vor uns hin und ertrugen die Qualen.

Schon nach der zweiten Sitzung ergab ich mich in eine resignierte Passivität und saß die Stunden bis zur Prüfung ab, die ich dann erstaunlicherweise trotzdem irgendwie mit einem „Gut" bestand. Während des Dämmerschlafs in den wöchentlichen Seminarsitzungen aber schmiedete ich Pläne für meine Rache.

Die Stunde der Abrechnung kam im dritten Semester. Für meine Zwischenprüfung hatte ich einen Studienbericht zu erstellen, und dieser Bericht gab mir endlich die Möglichkeit, meinem Ärger Luft zu verschaffen. Ich wollte, dass die Verantwortlichen des Instituts erfuhren, welche taube Nuss da unter ihrem Dach Seminare gab. Daher schilderte ich die didaktische Unfähigkeit des Professors und sein betontes Desinteresse an uns Studierenden in schillernden Farben und mit deutlichen Worten. Schließlich hatte ich ja nicht laufen und sprechen gelernt, um jetzt zu kriechen und den Mund zu halten. Ich wusste wenig darüber, wie solche Institute organisiert waren – aber während ich dasaß und schrieb, stellte ich mir genüsslich vor, wie der betreffende Professor aufgrund meines

Berichts eine Rüge der Institutsleitung erhalten oder vielleicht sogar strafversetzt würde.

Was ich nicht wusste: Der betreffende Professor war die Institutsleitung. Kaum hatte ich meinen Bericht abgeschickt, erhielt ich eine schriftliche Einladung zu einem persönlichen Gespräch mit ihm, das für mich eher unangenehm verlief. In meinem Bericht hatte ich mich meilenweit aus dem Fenster gelehnt, sodass ich jetzt nicht mehr zurückkonnte, ohne das Gesicht zu verlieren. Nach etwa einer halben Stunde warf mich der Institutsleiter dann aus seinem Büro, und für den Rest meiner Studienzeit lebte ich in der Angst, dass er sich nun bei nächster Gelegenheit bei mir revanchieren würde.

Diese Episode hat mich nachhaltig beeindruckt. Ich war für meine Überzeugung eingestanden und damit ordentlich auf der Nase gelandet. Aber Moment: Für was genau war ich eigentlich eingetreten? War das tatsächlich eine Überzeugung? Was genau wollte ich mit meinem Bericht erreichen? Wenn ich ehrlich mit mir selbst bin, dann ging es mir vor allem darum, Luft abzulassen und meinen Ärger abzureagieren.

Durchsetzungskraft hängt von klaren Zielen ab

Wir haben an anderer Stelle schon festgehalten, dass Durchsetzungskraft immer davon abhängt, dass wir uns über unsere Ziele im Klaren sind. Deshalb werden wir uns später im Kapitel 5, *Die eigenen Ziele formulieren* noch etwas detaillierter mit Zielen beschäftigen. Sich durchsetzen zu wollen ohne Ziel, ist wie eine Reise ohne Richtung. Was aber war meine Richtung? Ich hatte mir über die Ziele, die ich mit meiner Aktion verfolgte, gar keine Gedanken gemacht und stattdessen aufs Geratewohl und aus der Hüfte heraus geschossen. In einer gewissen Weise hatte ich mich von meinem aggressiven Autopiloten steuern lassen. Letztendlich war ich nicht für eine Überzeugung eingestanden, sondern für ein Bauchgefühl. Ich hatte nicht für ein Ziel gekämpft, sondern gegen die Person meines Professors. Das musste schieflaufen.

Haben Sie Ihre Ziele immer klar definiert, wenn Sie in ein Gespräch gehen? Ich erlebe, dass das eher selten der Fall ist. Da verlangt ein Mitarbeiter von seinem Chef „mehr Gehalt" und wirkt bei der Rückfrage, wie viel mehr und womit genau er diese Forderung rechtfertigt, ziemlich überrumpelt. Ein Chef verlangt von seinen Mitarbeitern „mehr Einsatz", ohne klarzumachen, an welcher Stelle genau er sich mehr Engagement wünscht und wie dieses Engagement aussehen soll. Ein Teamleiter fordert „mehr Mitarbeiter" für ein Projekt, ohne sich vorher Klarheit darüber zu verschaffen, wie viele neue Mitarbeiter er in welchem Zeitraum und für welche Aufgaben braucht. Und Mitarbeiter antworten mit „Ist mir eigentlich egal", wenn ihre Führungskraft sie mit verschiedenen Optionen konfrontiert.

Ein klares Ziel, das Sie bildlich vor Augen haben, kann für Sie ein Leitstern sein, der Ihnen hilft, durch ein schwieriges Gespräch (und eventuell durchs ganze Leben) zu navigieren. Ohne Ziel verlieren Sie dagegen die Orientierung. Um es mit Seneca zu sagen: „Wer den Hafen nicht kennt, in den er segeln möchte, für den ist kein Wind der richtige." Wenn Sie sich durchsetzen möchten, dann stellen Sie sich bei allem, was Sie zu tun beabsichtigen, die Frage: „Was genau will ich damit erreichen?" Sie werden mit Erschrecken feststellen, dass Ihnen das sehr oft gar nicht so klar ist, wie Sie jetzt vielleicht glauben.

Steht das Ziel einmal fest, müssen wir noch klären, wie wir kommunizieren sollten, damit wir es bei unserem Gegenüber durchsetzen können. Nach Paul Watzlawick hat jede Kommunikation zwischen Menschen eine Sach- und eine Beziehungsebene. Auf der Sachebene hatte ich in meinem Bericht mitgeteilt, dass ich ein Seminar schlecht fand. Das war so weit okay und hätte mir für sich allein sicher keine Probleme gebracht.

Sach- und Beziehungsebene

Was mir aber Probleme brachte, war, dass ich mich im Ton vergriffen hatte. So wurde aus dem Text „Ich fand das Seminar schlecht" auf der Beziehungsebene eine ganz andere Aussage: nämlich, dass ich den Dozenten für einen aufgeblasenen Idioten hielt. So hatte ich das natürlich nicht geschrieben, aber mein Gegenüber musste diese Aussage praktisch zwangsläufig zwischen den Zeilen lesen. Ein Universitätsprofessor konnte so etwas selbstverständlich nicht stehen lassen – und daher erhielt ich die Einladung zu diesem für mich sehr unerfreulichen Gespräch.

Die Unterscheidung zwischen Sach- und Beziehungsebene ist für alle Fragen des Sichdurchsetzens absolut zentral, denn wenn wir bei anderen etwas erreichen wollen, ist der Ton in der Regel wichtiger als der Inhalt unserer Aussagen. Wenn die Stimmung gut ist, steigen die Chancen für Zustimmung. Ist die Stimmung aber schlecht, ist es egal, wie viele rationale Gründe dafürsprechen, dass andere Ihren Vorschlägen folgen sollten. Ihre Gesprächspartner werden trotzdem eine Kontra-Haltung einnehmen.

Kommunikation gleicht einem Eisberg, von dem nur ein kleiner Teil aus dem Wasser ragt. Dieser für uns sichtbare Teil entspricht der Sachebene – also unseren fachlichen und inhaltlichen Aussagen. Darunter verbirgt sich aber zwangsläufig eine viel größere Eismasse, die unter der Wasseroberfläche verborgen bleibt und die der Beziehungsebene entspricht.

Weil wir nur die über der Wasseroberfläche liegende Sachebene sehen können, halten wir sie für den eindeutig wichtigeren Teil – aber das ist nicht so. Eisberge bewegen sich mit der Strömung, die unter der Wasseroberfläche angreift, und nicht mit dem Wind, der den Teil über der Wasseroberfläche in die entgegengesetzte Richtung drückt. Und genauso ist es mit unserer Kommunikation. Zahlreiche Studien belegen, dass wir unsere Entscheidungen auf der Gefühls- und Beziehungsebene treffen und sie erst im Nachhinein auf der Sachebene rationalisieren.

Entscheidungen basieren auf Emotionen

Wann immer jemand etwas zu uns sagt, scannen wir automatisch, wie wir diese Aussage auf der Beziehungsebene interpretieren können. Die Stimmlage und Körperhaltung des anderen sowie der Kontext, in dem etwas gesagt wird, fallen bei diesem Scan stärker ins Gewicht als der Wortlaut der Nachricht. Und oft ist die Zustimmung auf der Gefühlsebene die Voraussetzung dafür, dass wir im Nachhinein auch auf der Sachebene zur Zustimmung bereit sind – auch wenn wir nicht wahrhaben möchten, dass der Prozess in dieser Reihenfolge stattfindet.

Fühlt sich ein Mensch auf der Beziehungsebene angegriffen und in seinem Selbstwertgefühl verletzt, dann verändert sich umgehend die Qualität der Kommunikation. Jetzt spielt die Sachebene plötzlich gar keine Rolle mehr. Ab diesem Zeitpunkt geht es nur noch darum, den Angriff auf der Beziehungsebene zurückzuschlagen und das Selbstwertgefühl durch einen Gegenangriff und ein Abwerten des anderen wiederherzustellen. Das durfte ich am eigenen Leib erfahren. Ich hatte das Selbstwertgefühl meines Dozenten getroffen, und nun ließ er mich seinen Ärger spüren, um sich selbst wieder aufzurichten. Ein ernsthaftes und inhaltsbezogenes Gespräch darüber, was man an seinem Seminar verbessern könnte, hatte ich durch meinen sehr polemischen Bericht unmöglich gemacht.

Schutzreflex Selbstwertgefühl

Wenn ich als Coach oder Trainer in Firmen arbeite, erfahre ich immer wieder von Situationen, die auf ganz ähnliche Weise aus der Bahn geraten. Erinnern Sie sich noch an Tinas aggressiven Autopiloten aus dem ersten Kapitel? Eigentlich geht es Tina ja um eine Sachfrage – die Anschaffung einer elektronischen Dokumentenablage durchzusetzen. Aber sobald sie die Hände in die Hüfte stemmt und ihre Stimme laut wird, beginnt die Beziehungsebene die Sachebene zu überlagern. Das eigentliche Thema ist nun plötzlich, dass sich Tina ungerecht behandelt fühlt. Sie hat ihr Ziel aus den Augen verloren.

Wenn das Ziel aus den Augen gerät

Auch für ihre Gesprächspartner hat sich die Situation nun plötzlich verändert. Ihnen geht es nur noch darum, deutlich zu machen, dass sie sich aus ihrer Perspektive ganz normal verhalten haben und dass Tinas Reaktion unangemessen und übertrieben ist. Argumente für oder gegen die Scanner-Station werden jetzt möglicherweise von beiden Seiten als Munition genutzt – aber nur, um den anderen ins Unrecht zu setzen. Eine sachliche Auseinandersetzung über die Argumente dafür und dagegen findet nicht mehr statt. Die Argumente an sich werden von beiden Seiten nun nicht mehr wahrgenommen, sondern nur noch die darin im Subtext mitschwingenden persönlichen Attacken.

Wenn es gelingen soll, sich durchzusetzen, dann müssen wir darauf achten, auf welcher Ebene sich die Kommunikation mit unserem Gegenüber entwickelt. Bleiben Sie an Ihren sachlichen Zielen orientiert und gestalten Sie die Beziehungsebene positiv. Dann werden Sie langfristig erfolgreich darin sein, sie zu erreichen.

Sie sollten keineswegs inhaltliche Ziele opfern, um allen gefallen zu wollen. Seien Sie kein Fähnchen im Wind. Beweisen Sie Unabhängigkeit, indem Sie sagen, was Sie denken und wollen. Halten Sie es aus, dass nicht jeder Sie mag, wenn Sie Ihre Ziele konsequent verfolgen. Wer es allen recht machen möchte, verliert die eigenen Ziele aus den Augen und er verliert an Respekt in den Augen der anderen. Stehen Sie also für sich ein. Aber bleiben Sie dabei verbindlich und respektvoll im Ton und verletzen Sie niemals das Selbstwertgefühl Ihres Gesprächspartners.

Auf den Punkt gebracht:

- Nach Paul Watzlawick hat jede Kommunikation zwischen Menschen eine Sach- und eine Beziehungsebene.
- Sobald Sie Ihr Gegenüber auf der Beziehungsebene verletzen, geht Ihr Gesprächspartner automatisch in eine Kontra-Haltung. Ab diesem Zeitpunkt spielt die Sachebene keine Rolle mehr. Eine Einigung auf der Sachebene wird unerreichbar.
- Denken Sie darüber nach, was Ihr eigentliches Ziel auf der Sachebene ist. Machen Sie es sich nicht unnötig schwer, dieses Ziel zu erreichen, indem Sie Ihr Gegenüber persönlich verletzen.

Sprachliche Weichmacher

Wie hart oder weich, wie stark oder schwach Sie auf der Sach- und auf der Beziehungsebene wirken, hängt, wie wir in den letzten Kapiteln gesehen haben, zu einem großen Teil von Ihrer Körpersprache und Stimme ab. Aber auch die Wörter, die Sie benutzen, sind entscheidend. Sehr oft merken wir aber überhaupt nicht, was unsere Worte in den Köpfen unserer Gesprächspartner auslösen.

Erinnern Sie sich noch an die Wörter, die Tina im Teammeeting benutzt, um ihren Vorschlag zu präsentieren? Das klang in etwa so: „Also, ich würde gern vorschlagen, dass man eventuell statt der alten Papierablage eine Scanner-Station anschaffen und unsere Unterlagen digital abspeichern könnte, wenn sonst nichts dagegenspricht. So ein Scanner wäre auch gar nicht so teuer und wir könnten ..."

Diese Sprache ist so weich wie Wackelpudding – und wer so spricht, wird auch als Wackelpudding wahrgenommen. Folglich wird er auch wie ein Wackelpudding behandelt, denn diese Wortwahl lädt das Gegenüber geradezu dazu ein, auszutesten, wie fest man drücken muss, bis der Pudding nachgibt. Wer so spricht, bleibt konturlos, und andere werden vorgetragene Vorschläge und Ideen sehr schnell in die Form ihrer eigenen Vorstellungen pressen.

Sprache als Einladung zum Angriff

Welche Wort-Weichmacher sind es ganz konkret, die diesen Eindruck von Wackelpudding vermitteln? Und weshalb wirken sie so, wie sie wirken?

Schon das erste Wort – „also" – ist ein klassisches Füllwort und schwächt die Aussage, die danach kommt, ab. Durchsetzungsstarke Menschen beginnen nicht mit einem „Also", „Ähm" oder einem „Ja, dann fang ich jetzt mal an ...". Wer fest von dem überzeugt ist, was er zu sagen hat, der beginnt stattdessen mit etwas Handfestem: mit einem kurzen und aussagekräftigen Satz, der Interesse weckt.

Typische Weichmacher beim Einstieg

Wer dagegen Füllwörter benutzt, um seine Botschaft einzuleiten, oder sich selbst mit einem „Na, denn leg ich jetzt mal los, wenn's okay ist ..." anmoderiert, macht deutlich, wie ungewohnt die Redesituation für ihn ist. Die Zuhörer nehmen (unterbewusst) wahr, dass sich dieser Redner unsicher fühlt und sich erst einmal sammeln muss, bevor er zur Sache kommt. Eine durchsetzungsstarke Persönlichkeit, die für eine Idee brennt, muss sich nicht sammeln. Sie beginnt unmittelbar mit dem, was in ihr brennt.

Die ersten Wörter, mit denen Sie einen Redebeitrag beginnen, sollten daher sitzen, wenn Sie durchsetzungsstark wirken möchten. Insbesondere dann, wenn die Zuhörer den Redner noch nicht kennen. Wir haben in den letzten Kapiteln darüber gesprochen, wie schnell sich Menschen ein erstes Bild von ihrem Gegenüber machen. Innerhalb von wenigen Sekunden bilden sie sich ein Urteil darüber, für wie kompetent, durchsetzungsstark und sympathisch sie ihr Gegenüber halten. Und dieses erste Urteil ist entscheidend.

Was werden Sie bei einem längeren Redebeitrag an einer Person besonders wahrnehmen, wenn Sie einmal zu dem Urteil gekommen sind, dass Sie diese Person für inkompetent und durchsetzungsschwach halten? Richtig! Alles, was Sie in diesem Urteil bestätigt. Fehler, Unstimmigkeiten und Anzeichen von Durchsetzungsschwäche werden Ihnen nun ganz besonders ins Auge stechen. Alles, was Ihrem ersten Urteil widerspricht (Zeichen von Kompetenz, Ruhe und kluge Gedanken), werden Sie dagegen tendenziell übersehen und überhören. Denn wir nehmen immer selektiv wahr und filtern Informationen, bevor wir sie in unser Bewusstsein lassen. In den ersten Sekunden Ihres Redebeitrags justieren Sie das Filtersystem Ihrer Zuhörer und bestimmen, auf was diese besonders achten werden. Gerade deshalb ist es so wichtig, Ihren Wortbeitrag mit einem starken ersten Satz einzuleiten.

Tinas erster Satz ist alles andere als stark. Auf das Füllwort „also" folgt ein Konjunktiv: „Ich würde gern vorschlagen ..." Auch Konjunktive machen unsere Sprache weich und schwächen unsere Aussagen ab.

Konjunktive schwächen Aussagen ab ...

Das muss nicht immer schlecht sein. Manchmal möchten wir ganz bewusst weich und besonders höflich klingen, um auf der Beziehungsebene kein Porzellan zu zerschlagen. „Ich hätte gerne drei Brötchen“ klingt freundlicher und diplomatischer als „Ich will drei Brötchen“. In der Bäckerei können wir diese höflichere Sprachform ohne Probleme benutzen, weil wir uns sicher sind, dass wir auf der Sachebene in jedem Fall bekommen werden, was wir wollen – jedenfalls wenn noch Brötchen da sind und wir sie bezahlen.

Anders verhält es sich bei einem sachlichen Vorschlag oder einer Forderung, bei der nicht sicher ist, wie der andere reagiert. Glauben Sie, Sie bekommen eine Gehaltserhöhung, wenn Sie mit den Worten „Ich hätte gern mehr Geld, wenn das für Sie okay wäre“ danach fragen? Wohl kaum! Hier bietet der Konjunktiv unserem Gegenüber eine Steilvorlage für Widerspruch. Wer im Konjunktiv (das heißt in der Möglichkeitsform) spricht, scheint keine besonders gefestigte Meinung zu dem Thema zu haben, über das er redet, oder nicht daran zu glauben, dass seine Forderung erfüllt wird. Wenn jemand keine gefestigte Meinung hat und sozusagen nur ganz allgemein und hypothetisch eine Idee in den Raum stellt, dann kostet es seinen Gesprächspartner weniger Überwindung, diese Idee zurückzuweisen. Formulieren Sie Ihre Gehaltsforderung daher durchsetzungsstärker: „Ich möchte 5 Prozent mehr Gehalt. Das begründe ich mit ...“ Wenn Sie dabei dann auch noch freundlich im Ton sind, bekommen Sie deutlich öfter, was Sie wollen.

... und fördern Widerspruch

Leider verwendet Tina sehr viele Konjunktive. „Wir könnten unsere Unterlagen abspeichern ...“ und „Ein Scanner wäre gar nicht so teuer ...“. Diese gehäuften Konjunktive schwächen nicht nur Tinas Vorschlag ab, sondern lassen auch sie selbst schwach und unsicher erscheinen. Sie wirkt, als ob sie auf keinen Fall anecken möchte und als ob sie nicht sicher sei, dass sie überhaupt das Recht hat, diesen Vorschlag zu machen. Sie wirkt leisetreterisch und unterwürfig.

Gehäufte Konjunktive zeigen Unsicherheit

Wörter und Ausdrücke wie „eventuell“ und „wenn nichts dagegenspricht“ verstärken diese Wirkung noch. Auch sie lassen Tinas Sprache weich klingen, denn sie machen aus einem konkreten Vorschlag zur Lösung eines Problems („Lasst uns eine Scanner-Station anschaffen“) eine Option in einem Ozean von anderen Optionen zu einer abstrakten Möglichkeit, von der Tina selbst nicht wirklich überzeugt zu sein scheint.

Weichmacher verschieben Konkretes ins Allgemeine, Greifbares in die Welt des Möglichen, klar Umrissenes ins Verschwommene. Betrachten wir ein paar Beispiele:

- „*Irgendwie* fühle ich mich ungerecht behandelt.“ Das „irgendwie“ betont, dass ich mir selbst nicht klar darüber bin, warum und wie sehr ich mich ungerecht behandelt fühle. Stärker klingt es so: „Ich fühle mich (sehr) ungerecht behandelt!“
- „*Eigentlich* ist mir das zu teuer.“ Das „eigentlich“ verschiebt die Aussage ins Allgemeine und schränkt sie damit ein. Im Allgemeinen halte ich das für zu teuer. Es kann aber auch Umstände geben, unter denen ich es trotzdem kaufen würde (auch wenn mir gerade keine einfallen). Stärker klingt es so: „Das ist mir zu teuer.“
- „Wir sollten das *vielleicht* auch schriftlich fixieren.“ Das „vielleicht“ macht aus einer konkreten Forderung eine mögliche Option. Stärker klingt es so: „Es ist mir wichtig, dass wir das auch schriftlich fixieren.“
- „Eine Lieferung im September finde ich *relativ* spät.“ Das „relativ“ verwässert die Aussage, dass mir die Lieferung im September zu spät ist. Stärker klingt es so: „Eine Lieferung im September ist mir zu spät.“
- „*Im Prinzip* kann da nichts passieren.“ Das „im Prinzip“ verschiebt die konkrete Situation ins Allgemeine und schränkt die Aussagekraft des Satzes dadurch ein. Stärker klingt es so: „So viel ist sicher: Da kann nichts passieren.“

Auch Satzeinleitungen wie „Ich glaube", „Ich denke", „Ich würde sagen" und „Könnte ich vielleicht ...?" sind Weichmacher. Diese Formulierungen wirken wie ein Puffer, wie eine Isolationsschicht zwischen unserer Aussage und unserer Person und machen deutlich, dass wir nicht voll und ganz hinter unseren Aussagen, Ideen und Forderungen stehen. Gerade deswegen verwenden viele Menschen sie so gern. Durch den Weichmacher schützen sie sich, denn alles, was andere gegen ihre Aussage ins Feld führen, trifft jetzt nur die Aussage, nicht aber die Person selbst.

Wird einer Aussage, die Sie mit „Ich glaube" eingeleitet haben, widersprochen, stehen Sie nicht als Lügner da. Denn Sie haben ja nicht gesagt, dass es so *ist*, sondern nur, dass Sie *glauben*, dass es so ist. Durch das „Ich glaube" haben Sie sich von Ihrer Aussage abgegrenzt.

Weichmacher als Puffer zwischen Sache und Person

Wird eine Idee, die wir mit „Ich denke" eingeführt haben, als Blödsinn bezeichnet, sind wir nicht besonders beleidigt. Durch das „Ich denke" wurde deutlich, dass es nur so eine Idee war, und wir haben nicht das Gefühl, dass uns irgendjemand als Trottel oder Blödmann bezeichnet hätte.

Wird eine Forderung abgewiesen, die wir mit „Könnte ich vielleicht ...?" beginnen, dann verlieren wir dabei nicht das Gesicht. Denn durch diese Formulierung klingt die Forderung wie eine Bitte. Das „vielleicht" legt nahe, dass uns die Bitte gar nicht so wichtig ist und dass wir nicht darauf bestehen, dass unsere Forderung erfüllt wird.

Der Wunsch, einen Puffer aus Weichmachern zwischen uns selbst und unseren Aussagen einzubauen, ist also verständlich. Wie wir im Kapitel 3, *Ziel und Bewegung* gesehen haben, beruht Durchsetzungsstärke aber genau darauf, dass ein Mensch zu 100 Prozent hinter dem steht, was er sagt. Weichmacher verwässern. Starke Sprache kommt ohne sie aus. Lassen Sie sie also weg!

Blumen-Wörter und positive Gefühle

Heißt das, dass Sie nun auf alle Höflichkeitsformen verzichten müssen? Ganz und gar nicht! Ich vergleiche Sprache gerne mit einer Blumenwiese. Die oben angesprochenen

Weichmacher entsprechen in dieser Wiese den Maulwurfshaufen. Tritt man auf einen Maulwurfshaufen, dann sackt man leicht weg, und wenn eine Wiese mit zu vielen Maulwurfshaufen durchsetzt ist, kommen wir schnell ins Stolpern und knicken ein. Daher sollten wir auf diese Weichmacher verzichten. Blumen darf es auf der Wiese aber natürlich trotzdem geben.

Die Blumen in unserer Sprachwiese entsprechen Wörtern wie „danke", „bitte", „gerne", „sofort", „bewährt", „sicher" oder „preisgünstig". Es gibt eine Vielzahl unterschiedlicher Blumen-Wörter, aber eines haben sie alle gemeinsam: Sie lösen positive Bilder und Gefühle in den Köpfen unserer Zuhörer aus. Und sie lassen Sprache höflich klingen, ohne sie weich zu machen. Welche Aussage hört sich für Sie positiver an:

- „Die Software der Scanner-Station läuft *stabil,* und die Dokumente, die wir einscannen, sind auf dem Server *absolut sicher.* Darüber hinaus ist das Ganze in der Anschaffung und im Betrieb ausgesprochen *günstig und effizient.*"
- „Die Software der Scanner-Station *stürzt so gut wie niemals ab,* und es ist praktisch *ausgeschlossen, dass Dokumente verloren gehen.* Darüber hinaus ist das Ganze in der Anschaffung und im Betrieb gar nicht so *teuer* und *verschwendet* keine Ressourcen."

Ich nehme an, Sie haben sich für die erste Version entschieden. Die Aussage beider Sätze ist nahezu identisch. Aber die Blumen-Wörter in der ersten Version lassen positive Bilder und Gefühle in unseren Köpfen entstehen, während die Kuhfladen-Wörter in der zweiten Version negative Emotionen hervorrufen.

Negative Gefühle durch Kuhfladen-Wörter

Ja, es gibt auch Kuhfladen-Wörter in unserer Sprachwiese, und wer plötzlich mit dem Fuß in einem Kuhfladen steckt, verliert schnell die Lust auch an der schönsten Blumenwiese. Trotzdem wimmelt unsere

Sprache nur so von Kuhfladen-Wörtern. Die beliebtesten sind „aber“, „doch“ und „müssen“.

„Sie müssen erst das Online-Formular ausfüllen. Dann müssen Sie das Ganze noch ausdrucken und uns auch als Papierversion einschicken.“ Wie klingt das für Sie? Nicht so gut? Menschen mögen es nicht, etwas zu müssen. Das Wort „müssen“ erzeugt ein Gefühl von Zwang, und reflexartig kommt der Wunsch auf, sich dagegen zu wehren. Dabei könnten wir auch ganz anders formulieren. „Bitte füllen Sie doch zuerst das Online-Formular aus und drucken Sie dann das Ganze auf Ihrem Drucker aus. Schicken Sie uns zur Sicherheit bitte auch noch die Papierversion zu.“ Der Widerstand fällt nun deutlich geringer aus.

„Was Sie erreicht haben, ist ganz ordentlich, *aber* achten Sie auch auf die Kostenentwicklung.“ Auch in diesem Satz lauert ein Kuhfladen – das Wort „aber“. Wir sind gewohnt, dass in solchen Sätzen das, was wirklich von Bedeutung ist, *nach* dem „aber“ steht. Damit entkräftet das „aber“ das Lob im ersten Satzteil und betont die Kritik im zweiten Satzteil. Dabei ginge es doch auch ganz anders. Lassen Sie das „aber“ einfach weg und ersetzen Sie es wahlweise durch einen Punkt, ein „und“ oder jede andere mögliche Konjunktion. Dann hört sich die Aussage schon viel freundlicher an.

Kennen Sie das? Sie erklären dem Mitarbeiter Ihrer IT-Abteilung, dass an der Software, mit der Sie tagtäglich arbeiten, etwas Wichtiges nicht mehr funktioniert. Kaum haben Sie Ihren Satz beendet, sprudelt aus Ihrem Gegenüber ein *„Doch!* Sie müssen nur ...“ heraus. Wie fühlt sich das an? Haben Sie das Gefühl, ernst genommen zu werden? Wohl eher nicht. Das „doch“ suggeriert Ihnen, dass Ihr Gegenüber alles, was Sie gesagt haben, für Unsinn hält und glaubt, es besser zu wissen. Auch das „doch“ ist ein Kuhfladen-Wort und verstänkert die Gesprächsatmosphäre.

Sehr oft können Sie eine Aussage in positiven oder negativen Wörtern ausdrücken. Inhaltlich läuft es nahezu auf das Gleiche hinaus, ob Sie sagen:

- „Lass uns dieses Jahr statt im August schon im Juni Urlaub machen. Wenn wir dann losfahren, sind die Straßen frei und die

Hotels sind günstig. Wir haben den ganzen Strand für uns allein und können vom Geld, das wir beim Hotel sparen, noch einmal richtig schön essen gehen."

Oder:

- „Lass uns dieses Jahr statt im August schon im Juni Urlaub machen. Im August stehen wir schon auf der Hinfahrt im Stau, die Hotels sind unverschämt teuer, am Strand müssen wir uns quetschen wie Sardinen in einer Blechbüchse. Und weil alles so teuer ist, müssen wir in einer abgeranzten Kaschemme zu Abend essen."

Ich bin mir sicher, dass Ihrem Partner / Ihrer Partnerin die erste Version mehr Lust auf Urlaub macht und ein Ja dazu deshalb leichter fällt.

Auf den Punkt gebracht:

- Vermeiden Sie Füllwörter und Weichmacher wie „irgendwie", „eigentlich", „vielleicht" etc. Auch Konjunktive („wenn es möglich wäre") und Anmoderationen („ich glaube") können durchsetzungsschwach wirken.
- Ihr erster Satz muss sitzen. Mit dem ersten Satz hinterlassen Sie einen ersten Eindruck. Ihre Gesprächspartner werden im Gespräch besondere Aufmerksamkeit auf alles legen, was dem ersten Eindruck entspricht.
- Blumen-Wörter („gerne", „stabil", „sicher" etc.) rufen bei Ihrem Gegenüber positive Gefühle hervor.
- Kuhfladen-Wörter („aber", „doch", „nur" etc.) rufen bei Ihrem Gegenüber Widerspruch hervor.
- Wählen Sie Formulierungen, die positive Gefühle auslösen.

Durchsetzungsstarke Sprache

Nun wissen Sie, welche Wörter Sie benutzen und welche Sie vermeiden sollten. Aber wie ordnet man Wörter so an, dass Sprache durchsetzungsstark wirkt? Grundsätzlich klingen kurze Sätze mit einer einfachen Satzstruktur kraftvoller und durchsetzungsstärker als lange, komplexe und verschachtelte Sätze.

Betrachten wir dies an einem Beispiel. Am 26. Juni 1963 spricht John F. Kennedy vor dem Rathaus Schöneberg in Westberlin den Satz: „Ich bin ein Berliner." Mit nur vier Worten wird er für Millionen von Deutschen unsterblich und bietet der sowjetischen Aggression die Stirn. Stellen Sie sich vor, er hätte stattdessen gesagt: „Aufgrund der schwierigen Situation seit der Errichtung der Berliner Mauer und der Tatsache, dass die freie Welt, die wir an diesem Punkt an vorderster Front verteidigen, hier wie überall durch sowjetische Aggression bedroht wird, fühle ich mich Berlin so verbunden, als wäre ich selbst den kommunalen Behörden dieser Metropole als Einwohner gemeldet." Dieser zweite Satz ist inhaltlich korrekter, präziser und vollständig. Aber er entfaltet keinerlei Wirkung. Wäre der Satz so gesprochen worden – niemand würde sich heute daran erinnern.

Im Gedächtnis bleibt uns, was kurz, konkret, bildhaft und prägnant ist. Wortreiche, abstrakte und lange Umschreibungen löscht unser Gehirn stattdessen schnell wieder. Ganz typisch hierfür ist das sogenannte Beamtendeutsch mit seinen langen (und oft im Passiv formulierten) Sätzen, mit zahlreichen Verschachtelungen und Nebensätzen.

Kurze Sätze geben Sicherheit

Wenn Sie sich durchsetzen möchten, dann formulieren Sie also in kurzen und einfachen Sätzen! So wirken Sie nicht nur bestimmter auf Ihren Gesprächspartner. Wenn Sie es kurz und einfach halten, fällt es Ihnen auch leichter, Ihren Satz ohne Füllwörter und Verhaspler zu Ende zu bringen. Erinnern Sie sich noch an die Transrapid-Rede von Edmund Stoiber? (Falls nicht, dann lassen Sie sich diese unfreiwillige Comedy-Einlage auf keinen Fall entgehen und hören Sie sich diese auf YouTube an!) Der komplizierte Satzbau bringt den Redner hier vor allem selbst zum Verzweifeln – und Sie hoffentlich zum Schmunzeln. Durchsetzungsstärke klingt jedenfalls anders.

Benutzen Sie Formulierungen im Aktiv. Sätze im Passiv und Formulierungen mit „man" klingen so, als würden Sie sich davor scheuen, Ross und Reiter zu benennen. Nehmen Sie zum Beispiel den Passivsatz: „Es müssen Kosten gespart werden!" Hier wird nicht gesagt, wer genau diese unangenehme Aufgabe des Kostensparens auf sich nehmen soll. Die Aussage bleibt im Vagen. Noch weniger Durchschlagskraft hat die Formulierung, wenn wir das Passiv mit einem „man" plus Konjunktiv ersetzen. „Man müsste hier Kosten sparen" ist nun wirklich keine Aussage, die Menschen dazu bewegt, den Gürtel enger zu schnallen. Der Satz „Diese Abteilung muss Kosten sparen!" klingt deutlich verbindlicher.

Formulierungen im Aktiv sind verbindlich

Schwach wirken dagegen abstrakte Begriffe und Nominalisierungen. Von Nominalisierungen reden wir, wenn Verben durch Hauptwörter ersetzt werden. Hier ein Beispiel: „Die Anschaffung einer Scanner-Station führt zur Vereinfachung und Beschleunigung unserer Prozesse und damit zu Kosteneinsparungen für die ganze Firma." Alle Wörter, die hier auf „-ung" enden, sind Nominalisierungen. Das Problem ist, dass wir uns Nominalisierungen nicht bildlich vorstellen können. Oder kommt Ihnen ein konkretes Bild in den Kopf, wenn Sie Wörter wie „Anschaffung", „Vereinfachung" oder „Kosteneinsparung" hören?

Nominalisierungen schwächen die Vorstellungskraft …

Dinge, die wir uns bildhaft vorstellen können, verarbeitet unser Gehirn leichter als abstrakte Begriffe. Und je leichter wir etwas verstehen und verarbeiten können, desto eher glauben wir die Aussage. Lösen wir die Nominalisierungen im oben stehenden Beispielsatz auf, dann werden die Sachverhalte bildhafter und klarer: „Kaufen wir eine Scanner-Station! Das macht den Büroalltag für uns alle einfacher und wir werden

… bildhafte Sprache stärkt sie

unsere Dokumente viel schneller ablegen können. Die Firma spart dadurch Geld." Mit solchen kurzen, klaren und einfachen Sätzen fällt es Ihnen viel leichter, zu bekommen, was Sie wollen.

Auf den Punkt gebracht:

- Kurze und einfache Sätze wirken durchsetzungsstärker als lange und verschachtelte Sätze.
- Formulierungen im Aktiv wirken stärker als Sätze im Passiv oder Formulierungen mit „man".
- Nominalisierungen schwächen Ihre Sprache.
- Stark wirken Sätze mit Verben anstelle von Nominalisierungen, weil wir sie uns bildlich vorstellen können.
- Je leichter das Gehirn unseres Gegenübers unsere Aussagen verarbeiten kann, desto eher glaubt und folgt uns unser Gesprächspartner.

5. Der Werkzeugkasten der respektvollen Durchsetzungsstärke

Ich möchte Ihnen meine Anerkennung aussprechen! Dafür, dass Sie sich auf den Weg zu einer durchsetzungsstärkeren Persönlichkeit gemacht haben. Und dafür, dass Sie – wenn Sie bis hierher gelesen haben – bereits drei wichtige Etappen auf diesem Weg erfolgreich bewältigen konnten. Beim Lesen von Kapitel 2 haben Sie verstanden, dass Durchsetzungsstärke von einer inneren Haltung abhängt, die von Respekt für sich und andere geprägt ist. In Kapitel 3 haben Sie erfahren, wie Durchsetzungsstärke durch Stimme und Körpersprache sicht- und hörbar wird. In Kapitel 4 ist Ihnen klar geworden, dass es uns nur dann gelingen kann, uns durchzusetzen, wenn wir eine Sprache benutzen, die auf der Beziehungsebene Respekt für sich selbst und das Gegenüber zum Ausdruck bringt.

Was jetzt noch fehlt? Konkrete Techniken des Sichdurchsetzens ohne Ellenbogen für bestimmte Situationen. Im Folgenden finden Sie einen Werkzeugkasten voll von solchen Techniken.

Mit Werkzeugen ist es so eine Sache. Oft können mehrere verschiedene Werkzeuge eingesetzt werden, um ein und dasselbe Problem zu lösen. Und unterschiedlichen Menschen liegt ein bestimmtes Werkzeug unterschiedlich gut in der Hand. Das ist sicherlich auch mit den Techniken so, die unsere Durchsetzungskraft unterstützen. Manche Techniken werden besser zu Ihnen passen und andere weniger gut. Ich möchte Sie einladen, die Werkzeuge der Durchsetzungsstärke auf den folgenden Seiten kennenzulernen und diejenigen für sich auszuwählen, die für Sie ganz persönlich passend sind. Auf diese Weise können Sie sich Ihr auf Ihre Person abgestimmtes Set an Werkzeugen zusammenstellen.

Forderungen abweisen und selbstbewusst Nein sagen

Es ist Freitag und Tina freut sich heute ganz besonders auf ihren Feierabend. In drei Stunden ist sie mit ihren Freundinnen zum Abendessen in einem Restaurant verabredet. Und danach geht es noch ins Kino. Früher haben die Mädels Tina bei solchen Anlässen bestenfalls mitgeschleppt. Aber diesmal ging die Initiative von ihr selbst aus. Sie hat den Telefonhörer in die Hand genommen und das Restaurant und den Film vorgeschlagen – und schon war die Sache geritzt. Das Beste dabei: Es hat sich gar nicht nach Sich-durchsetzen angefühlt. Weder für Tina noch für ihre Freundinnen. Nur noch eine Stunde arbeiten ...

Da klopft es an der Tür. Es ist Michael, ein ganz spezieller Kollege. Wenn er anpackt, ist es manchmal, als würden zwei andere loslassen. Das weiß jeder in der Abteilung – und nun steht dieser Michael vor Tinas Schreibtisch. „Du, Tina, am Montagmorgen haben wir doch die Projektpräsentation bei der Schmidt Holding. Ich hab die Präsentation auch schon fast fertig. Nur hab ich gerade überraschend erfahren, dass es in unserer Niederlassung in Hamburg ein Problem gibt und ich mich kümmern muss. Den Rest des Tages bin ich definitiv in einer Videokonferenz mit Hamburg. Das wirbelt mir alles durcheinander. Du kennst dich mit unserem Projekt mit der Schmidt Holding doch super aus. Kannst du die Präsentation noch schnell fertig machen und die aktuellen Projekt-kennzahlen ergänzen?"

Tina schluckt. Vor ein paar Monaten noch hätte so eine Frage automatisch das Ende des netten Feierabends mit den Freundinnen bedeutet. Nein zu sagen, hätte sie sich gar nicht getraut. Immerhin geht es ja um das wichtige Projekt bei der Schmidt Holding, das auf gar keinen Fall in Mitleidenschaft gezogen werden darf.

Aber Gott sei Dank hat sich bei Tina in den letzten Monaten so einiges verändert – auch wenn Michael das noch nicht mitbekommen zu haben scheint. Tina erinnert sich an zwei Sätze auf dem großen DIN-A3-Blatt, das über ihrem Esstisch hängt. Darauf hat sie all ihre Rechte notiert. Und dort steht zum Beispiel:

„Ich habe das Recht, meinen Interessen Priorität vor den Interessen anderer einzuräumen." Und: „Ich habe das Recht, die Verantwortung für das Tun und Lassen anderer und für deren Probleme abzulehnen."

Deshalb trifft Tina diesmal bewusst die Entscheidung, Nein zu sagen – und zwar bevor sie redet. Sie entscheidet sich für das Nein nicht aus einem Reflex heraus – oder weil sie nun immer und zu allem Nein sagen würde. Sie entscheidet sich für das Nein, weil sie die Situation durchschaut und sehr sicher weiß, dass es Michael vor allem darum geht, selbst keine Überstunden drücken zu müssen.

Erst entscheiden – dann antworten

Deshalb schaut Tina ihrem Kollegen Michael jetzt direkt in die Augen und sagt mit fester Stimme: „Michael, ich habe heute Abend einen privaten Termin und muss gleich los. Deswegen kann ich heute nicht aushelfen." Dabei achtet sie darauf, dass das Ganze weder aggressiv noch schnippisch klingt, sondern schlicht und ergreifend sachlich und fest.

So einfach soll das gehen? Ja, so einfach! Ihre Antwort auf eine solche Frage sollte aus zwei Elementen bestehen: erstens einem klaren Nein und zweitens aus einer kurzen Begründung. Eine Begründung brauchen wir, denn Menschen akzeptieren ein Nein eher, wenn ihnen ein Grund dafür genannt wird. Ganz wichtig dabei ist aber: Je einfacher und kürzer die Antwort ausfällt, desto wirksamer ist sie.

Kurze Begründung und klares Nein

Früher hätte Tina (wenn sie sich denn überhaupt getraut hätte, die Bitte abzulehnen) lange herumgedruckst, sich mehrfach entschuldigt und lange, wortreiche Begründungen für ihre Absage geliefert. Aber heute weiß sie: „In der Kürze liegt die Würze." Lange Begründungen und wortreiche Entschuldigungen lassen Menschen weich erscheinen. Und sie bieten Steilvorlagen für ein Nachfragen und Nachbohren des Gesprächspartners. Wer sich kurz hält, wirkt bestimmter und kann den Großteil solcher Nachfragen von vornherein vermeiden.

Ein weniger durchsetzungsstarker Gesprächspartner hätte eventuell so geantwortet: „Du, tut mir leid, Michael, ich hab heute leider nicht so viel Zeit. Ich bin nachher gleich verabredet und gehe mit Freundinnen essen und ins Kino. Außerdem habe ich eh schon so viel auf dem Schreibtisch und Herr Schneider ist heute Morgen auch noch mit einer anderen ganz dringenden Aufgabe gekommen. Das schaffe ich leider nicht alles gleichzeitig. Könntest du dich nicht bei jemand anderem umhören? Es gibt ja noch andere Kollegen, die das Projekt gut kennen …"

Eigentor durch lange Begründungen

Diese etwas längere Antwort klingt schwächer und bietet eine Vielzahl von Angriffspunkten.

- „Ein bisschen Zeit hast du ja noch. Kannst du nicht schauen, wie weit du kommst?"
- „Deine Freundinnen sind doch bestimmt nicht böse, wenn du ein paar Minuten später zum Essen kommst. Ich bin wirklich in der Patsche. Und wir brauchen doch das Anschlussprojekt! Kannst du nicht sagen, dass du ein bisschen später kommst?"
- „Du weißt doch, wie wichtig das Projekt für uns alle ist. Kannst du den Mädelsabend nicht dieses eine Mal verschieben?"
- „Kannst du die anderen Sachen auf deinem Schreibtisch nicht nächste Woche erledigen? Das hier ist wirklich wichtig!"

Und – schwups! – hätte Tina wieder mit dem Rücken an der Wand gestanden. Sie wäre gezwungen gewesen, sich zu rechtfertigen und zu argumentieren. Lassen Sie nicht zu, dass man Sie in eine solche Situation bringt. Aus einer Rechtfertigungshaltung heraus zu agieren, ist niemals eine gute Idee. Und sich auf eine Argumentation einzulassen, wenn Sie eigentlich eine Forderung abweisen möchten, auch nicht.

Wenn Sie Nein sagen wollen, sollten Sie ganz bewusst nicht argumentieren, denn zu argumentieren heißt immer, dass Sie sich auf die Forderung des anderen einlassen. Viel besser wäre es, wenn Sie die Forderung an sich abgleiten lassen wie an einer Teflonpfanne, sie an sich abprallen lassen wie an einer massiven Wand.

Nicht auf eine Argumentation einlassen

Geben Sie Ihrem Gesprächspartner von vornherein gar keine Ansatzpunkte für Gegenargumente. Begründen Sie ihr Nein, aber halten Sie Ihre Begründungen kurz und abstrakt. Gehen Sie nicht in die Details. Jedes Detail und jedes zusätzliche Argument lädt zu einer Nachfrage und Gegenargumentation ein. Sehr gut funktionieren Begründungen mit eigenen Bedürfnissen. Die kann Ihnen niemand absprechen. Was soll Ihr Gegenüber auch sagen, wenn Sie die Bitte eines entfernten Bekannten nach Umzugshilfe am Wochenende damit parieren, dass Sie am Wochenende selbst etwas vorhaben oder nach einer harten Woche einfach Zeit brauchen, um Ihre Batterien wieder aufzuladen?

Nicht für ein Nein entschuldigen

Vor allem aber: Entschuldigen Sie sich nicht für ein Nein, wenn es nichts zu entschuldigen gibt. Denken Sie daran: Es ist Ihr Recht, eine Bitte abzulehnen. Statt sich zu entschuldigen, können Sie, wenn Sie möchten, einen Alternativvorschlag hinterherschieben (zum Beispiel: „Fragen Sie doch Frau Maier. Die kennt sich auch sehr gut aus").

Natürlich kann es auch bei Tinas Kurzversion zu Nachfragen und Nachbohren kommen, auch wenn das bei einem klaren Nein mit kurzer Begründung deutlich unwahrscheinlicher ist als bei einem langen, ausführlich begründeten Nein mit Entschuldigung.

Michael ist von Tina ein schnelles Einknicken gewöhnt – und deshalb versucht er es noch einmal: „Tina, kannst du den privaten Termin nicht verschieben? Du weißt doch, wie wichtig das Projekt für uns alle ist!"

„Sprung in der Schallplatte"-Technik

Wie soll Tina hier reagieren? Sollte sie jetzt ausführlichere Begründungen und neue Argumente hinterherschieben? Nein, sollte sie nicht! Stattdessen rate ich zu einem bewährten Vorgehen, das als „Sprung in der Schallplatte"-Technik bezeichnet wird. Sagen Sie das, was Sie gerade gesagt haben, einfach noch einmal – kurz und knapp. So wie ein Schallplattenspieler bei einem Sprung in der Platte das schon einmal Abgespielte nochmals wiedergibt: „Ich kann leider nicht, Michael. Ich habe einen privaten Termin und muss gleich weg. Frag doch bitte bei den anderen Kollegen nach."

Schieben Sie nichts Neues hinterher. Und lassen Sie sich nicht darauf ein, zu erklären, worum es sich bei Ihrem privaten Termin handelt oder warum er Ihnen so wichtig ist. Das ist Ihre Sache und geht niemanden etwas an. Verteidigen Sie Ihre Privatsphäre. Wenn Sie schlicht und ergreifend die gleichen Worte wieder und wieder benutzen, wirken Sie wirklich wie eine feste Mauer. Ihrem Gegenüber bleibt nichts, woran es sich festklammern oder hochziehen kann.

In der Regel genügt es, die Schallplatte ein- bis zweimal springen zu lassen. Ganz selten wird ein Gesprächspartner auch nach dem zweiten Nein noch hartnäckig bleiben und weiterbohren. Halten Sie das Bohren aus! Seien auch Sie hartnäckig und lassen Sie die Schallplatte noch ein drittes Mal springen.

Standhaft bleiben bei Psychotricks

Bleiben Sie auch dann beim Sprung in der Schallplatte, wenn man versucht, Ihnen ein schlechtes Gewissen einzureden, Sie als Egoisten hinstellt oder wenn Ihr Gegenüber es auf die Mitleidstour versucht. Sobald Sie sich darauf einlassen, sind Sie Ihrem Gesprächspartner auf den Leim gegangen. In aller Regel handelt es sich hier um manipulative Gesprächsstrategien Ihres Gegenübers, die Sie mit einem „Sprung in der Schallplatte" aushebeln können.

Die „Sprung in der Schallplatte"-Technik klingt einfach. Es geht dabei ja nur darum, nahezu identische Sätze mehrmals zu wiederholen. Trotzdem scheitert der übergroße Teil meiner Seminarteilnehmer zunächst daran. Ganz ohne es zu merken, weichen viele meiner Seminarteilnehmer von ihrem klaren Nein mit der einen kurzen Begründung ab. Ein innerer Autopilot scheint sie dazu anzutreiben, neue und ausführlichere Begründungen nachzuschieben. Und dann geht das Ganze sehr oft schief, denn das Gespräch rutscht in einen Austausch von Argumenten ab. Selbst die „Sprung in der Schallplatte“-Technik muss geübt werden. Kaum einer beherrscht sie aus dem Stegreif.

Und was ist, wenn Sie nicht so ohne Weiteres Nein sagen können, weil Ihr Gesprächspartner kein Kollege, sondern ein weisungsberechtigter Vorgesetzter ist? Es wird immer Situationen geben, in denen es ratsam ist, zu tun, um was Sie gebeten werden. Einige Aufgaben, die man an Sie delegiert, stehen sicher so auch in Ihrem Arbeitsvertrag. Nein zu sagen ist in solchen Fällen sicher nicht angebracht.

Kritisch sind die Grenzfälle. Selbstverständlich darf Ihr Chef von Ihnen verlangen, einen Bericht zu schreiben oder eine Präsentation zu erstellen, wenn das zu Ihren Aufgaben gehört. Aber darf er damit eine halbe Stunde vor Feierabend kommen? Darf er verlangen, dass Sie länger bleiben und eigene Pläne über den Haufen werfen, um noch schnell alles fertig zu machen und ihm aus der Patsche zu helfen?

Nur Sie können letztendlich entscheiden, ob es in einer solchen Grenzsituation angebracht ist, die Forderung eines Vorgesetzten zurückzuweisen. Machen Sie sich aber klar, dass Sie als engagierter Mitarbeiter nicht sofort gekündigt werden, wenn Sie in einer solchen Situation einmal eine Grenze ziehen.

Ein Nein kann auch dazu dienen, zu testen, wie hart der andere bei seiner Forderung bleibt. Wenn Sie einmal Nein gesagt haben, können Sie in einem zweiten Schritt immer noch nachgeben, wenn Ihr Chef weiter insistiert. Doch vielleicht müssen Sie das gar nicht, weil Ihr Gegenüber schon nach dem ersten Nein seine Forderung zurückzieht.

Nein schafft Respekt

Hier ist ganz klar Fingerspitzengefühl gefragt – aber auch einem Chef gegenüber kann man in einer solchen Grenzsituation ein Nein wagen, wenn man es geschickt anstellt. Vielleicht gewinnen Sie dadurch sogar den Respekt Ihres Vorgesetzten, denn Nein sagen zu können ist eine Führungskompetenz, die Ihr Chef selbst auch immer wieder beweisen muss.

Wichtig ist, dass Sie in solchen Grenzfällen Alternativen anbieten. Sie können den Bericht heute nicht mehr fertig bekommen. Dafür bieten Sie an, am Montag etwas früher zu kommen und den Text bis Montagmittag fertig zu machen, wenn Sie von Ihren anderen Aufgaben am Montagmorgen freigestellt werden. Oder Sie bieten etwas anderes an, das Sie tun können, um Ihren Chef zu entlasten, während er sich nun selbst um den Bericht kümmert. So zeigen Sie, dass man mit Ihnen nicht alles machen kann, und ziehen eine Grenze. Gleichzeitig lassen Sie es aber nicht auf einen Konflikt ankommen, in dem Sie mehr zu verlieren haben als Ihr Chef.

In Grenzfällen Alternativen anbieten

Noch eine letzte Bemerkung: Viele Menschen haben all diese Techniken des Nein-Sagens in der Theorie sehr gut verstanden. Doch kaum werden sie dann im realen Leben mit einer Bitte oder Forderung konfrontiert, sind die alten Reflexe, Ja zu sagen, stärker als all das theoretische Wissen um das Nein. Wie also können solche Menschen ihre Reflexe unter Kontrolle bringen?

Reflexe unter Kontrolle bringen

Zum einen, indem sie Zeit gewinnen, um den Reflex zu unterdrücken, sodass sie eine bewusste Entscheidung treffen können. Zum Beispiel mit einem einfachen Satz wie: „Du, ich muss erst schauen, ob das geht. Ich sage dir später Bescheid." Lassen Sie sich also nicht überrumpeln. Wenn Sie spüren, dass der Reflex, Ja zu sagen, in Ihnen aufkommt, obwohl Sie eigentlich Nein sagen möchten, dann verschieben Sie die Entscheidung. So geben Sie sich selbst die Möglichkeit, mit kühlem Kopf über die Sache nachzudenken, ihren passiven Autopiloten in den Stand-by-Modus zu schicken und Klarheit darüber zu gewinnen, was Sie eigentlich wollen. Haben Sie die bewusste Entscheidung für ein Ja oder Nein für sich selbst erst einmal getroffen, ist es auch viel einfacher, diese Entscheidung in einem Gespräch zu vertreten.

Zum anderen können Sie den Reflex, Ja zu sagen, abschwächen, wenn Sie das Nein regelmäßig üben. Warten Sie also nicht, bis Sie in Situationen kommen, bei denen es um wirklich viel geht. Trauen Sie sich, in den vielen kleinen Alltagssituationen, die sich Ihnen tagtäglich bieten, immer wieder einmal Nein zu sagen. Auch und gerade dann, wenn es sich nur um Kleinigkeiten handelt und Ihnen ein Ja gar nicht so viel ausmachen würde.

Jedes erfolgreiche Nein lässt Sie erleben, dass Sie auch dann gemocht werden, wenn Sie anderen nicht jeden Wunsch erfüllen, dass Sie sich durchsetzen können und Respekt gewinnen, wenn Sie Grenzen setzen.

Auf den Punkt gebracht:

- Trauen Sie sich, klar Nein zu sagen, und lassen Sie eine kurze Begründung folgen.
- Gute Begründungen sind solche mit eigenen Bedürfnissen. Zum Beispiel: „Nein, weil ich total platt bin und am Wochenende wirklich meine Ruhe brauche." Niemand kann Ihnen Ihre eigenen Bedürfnisse absprechen.
- Rechtfertigen Sie sich nicht und halten Sie Ihre Antwort kurz und knapp. Bleiben Sie bei kurzen und abstrakten Begründungen. Je wortreicher Sie antworten, desto weicher wirkt Ihr Nein. Je konkreter Sie werden, desto mehr Möglichkeiten bieten Sie für ein Nachhaken und eine Gegenargumentation.
- Lassen Sie sich nicht auf eine Argumentation ein. Jedes Argument, das Sie liefern, ist eine Einladung zu einem argumentativen Schlagabtausch.
- Wenn Ihr Gegenüber weiterbohrt, dann benutzen Sie die „Sprung in der Schallplatte"-Technik. Wiederholen Sie Ihr klares Nein und die gleiche kurze Begründung, die Sie schon zu Anfang gegeben haben. Sagen Sie also mehr oder weniger wörtlich das Gleiche noch einmal. Wiederholen Sie den Sprung in der Schallplatte so lange, bis Ihr Gegenüber das Nein akzeptiert.
- Nicht immer ist ein Nein angemessen – vor allem bei Vorgesetzten. Sie selbst müssen entscheiden, ob es in einem ganz bestimmten Fall Sinn macht, ein Nein zu wagen.

Forderungen stellen

Was glauben Sie, zu welchem Zeitpunkt in Ihrem Leben waren Sie am durchsetzungsstärksten? Sie werden es kaum für möglich halten: Das war unmittelbar nach Ihrer Geburt und in Ihren allerersten Lebensjahren. Wenn Sie etwas wollten – zum Beispiel Milch –, haben Sie ohne Rücksicht auf Ihre Stimmbänder, den Schlaf Ihrer Eltern oder das lärmempfindliche Rentnerehepaar in der Nachbarwohnung so lange geschrien, bis Sie Milch bekamen. Und ganz offensichtlich hatten Sie mit dieser doch sehr rücksichtslosen Vorgehensweise Erfolg. In aller Regel haben Sie ziemlich bald Ihre Milch bekommen.

Okay, zu schreien, dass die Wände wackeln, ist keine Strategie, die Ihnen heute im Erwachsenenalter besonders gut weiterhelfen würde. Ich rate jedenfalls ganz dringend davon ab, es auszuprobieren. Was man Babys ganz selbstverständlich durchgehen lässt, legt man erwachsenen Menschen zu Recht als Rücksichtslosigkeit aus. Aber es gibt schon etwas, das Sie sich von Ihrem jüngeren Selbst abschauen können: Sie waren als Baby unglaublich beharrlich.

Die meisten Menschen können einen Teil dieser Säuglingsbeharrlichkeit auch noch ins Kindesalter hinüberretten. Eltern merken das vor allem an Supermarktkassen, wenn der Nachwuchs einen Kaugummi oder ein Überraschungsei will. Erinnern Sie sich an die Technik „Sprung in der Schallplatte“ aus dem letzten Kapitel? Kinder beherrschen diese Beharrlichkeitstechnik perfekt, ohne jemals von ihr gehört zu haben. Sie können den Satz „Mama, ich mag einen Lolli!“ in schier unendlich vielen Variationen wiederholen, ohne sich dabei im Mindesten blöd vorzukommen.

Freundliche Beharrlichkeit wirkt

Die Klügeren unter diesen kleinen Manipulationsprofis schaffen es dabei, ihr betonhartes Beharren in der Sache mit einem zuckersüßen Lächeln und einer herzerweichenden Engelsstimme vorzubringen. Sie nehmen damit vorweg, was die Psychologen Roger Fisher und William Ury in den 1980er-Jahren unter dem Leitsatz

„Hart in der Sache – weich zu den Menschen“ als Teil ihres berühmten Verhandlungskonzepts (des Harvard-Konzepts) formuliert haben. Am weitesten kommt, wer sein Anliegen auf der Sachebene hart vertritt, dabei aber niemals unfreundlich wirkt. Kinder sind damit erstaunlich oft erfolgreich. Spätestens nach dem dritten zuckersüß-unerbittlichen Nachbohren geben sich Mama und Papa geschlagen und kaufen das Überraschungsei. Glauben Sie mir – ich weiß, wovon ich rede!

Vielleicht sind es die Hormonstürme in unserer Pubertät oder die Erziehungsmethoden an unseren Schulen, die uns dieses Erfolgskonzept der freundlichen Nachdrücklichkeit im Laufe unseres Erwachsenwerdens vergessen lassen. Fest steht: Im Erwachsenenalter haben sich nur die wenigsten Menschen die Tugend der freundlichen Beharrlichkeit bewahren können. Die meisten müssen sie sich in Verhandlungs- und Selbstbehauptungsseminaren erst wieder mühsam antrainieren.

Beharrlichkeit wird verlernt

Gerade Frauen tun sich hier oft schwer. Harmonie ist vielen Frauen ganz besonders wichtig, und der Glaubenssatz, dass sich Harmonie und nachdrückliches Einfordern der eigenen Interessen nicht vereinbaren lassen, hat sich in ihren Köpfen zu einer felsenfesten Gewissheit verdichtet. Deshalb deuten sie ihre Wünsche oft nur an, statt sie klar zu formulieren. Und deshalb geben sie sich beim ersten Nein geschlagen, statt weiter für ihre Sache einzustehen.

Wenn ein Wunsch klar formuliert wird, hört sich das beispielsweise so an: „Ich möchte, dass wir für das Event einen Caterer engagieren. Ich weiß, dass unsere eigenen Service-Mitarbeiter zu stark ausgelastet sind, um das Catering stemmen zu können.“

Wünsche klar aussprechen

Oft wird ein solcher Wunsch aber nicht klar als Wunsch oder Forderung formuliert, sondern als Vorschlag oder Idee verkleidet: „Man könnte doch auch einen Caterer für das Event engagieren. Unsere Mitarbeiter sind einfach so stark ausgelastet und da würde ein Caterer vielleicht hilfreich sein.“

Doch wer sich nicht traut zu fordern und stattdessen nur „Ideen" formuliert und „Vorschläge" macht, lädt sein Gegenüber dazu ein, Nein zu sagen. Und wenn Sie Ihren Wunsch nur ganz wolkig als Idee formuliert haben, ist es extrem schwer, umzuschwenken, beharrlich zu werden und das eigene Interesse mit der „Sprung in der Schallplatte"-Technik zu verteidigen, wenn ein Nein kommt. In Gesprächen, die Sie inhaltlich weich beginnen, ist es fast unmöglich, später eine harte und nachdrückliche Haltung einzunehmen. Eine am Anfang hart formulierte (aber freundlich vorgetragene) Forderung im Laufe des Gesprächs abzumildern, ist dagegen immer möglich und oft erfolgreich. Man empfindet Sie dann sogar als besonders kooperativ, denn Sie haben sich ja schließlich ein Stück weit bewegt und nachgegeben.

Bedenken Sie bitte auch, dass ich immer ausschließlich die Sachebene meine, wenn ich empfehle, „hart" in ein Gespräch hineinzugehen. Denn gegenüber einem Menschen sollten Sie auf der Beziehungsebene immer „weich" sein. Ganz konkret heißt das, dass Sie Ihre Forderung freundlich klingen lassen, jeden Hinweis auf eine Genervtheit aus Ihrer Stimme verbannen und auch durch Ihre Körpersprache Ihre freundliche Grundhaltung unterstreichen. „Du bist okay – ich bin okay" sollte die Aussage auf der Beziehungsebene sein. Eben ein Gespräch auf Augenhöhe.

Du bist okay – ich bin okay

Dazu gehört auch, dass Sie auf Wörter wie „du musst", „du sollst" oder „du darfst nicht" verzichten. Was solche Kuhfladen-Wörter mit Ihrer Kommunikation machen, hatten wir ja schon im Kapitel 4, *Sprachliche Weichmacher* angesprochen. Solche Wörter klingen nicht nach Augenhöhe, sondern nach einer Mutter, die versucht, ihrem ungezogenen Teenager Vorschriften zu machen.

Keine Trotzhaltung provozieren

Ich weiß nicht, wie es Ihnen geht, aber meiner Erfahrung nach funktioniert so etwas selten. Gerade weil die Mutter sich mit einem „Du musst endlich mal dein Zimmer aufräumen" über ihren Sohn stellt, hat der Sohn wenig Lust, der Aufforderung nachzukommen.

Er widerspricht nicht (nur), weil ihm die Sache zuwider ist, sondern vor allem, weil ihm der Ton nicht gefällt. Im gleichen Maße, in dem Sie sich nach einem maßregelnden Elternteil anhören, drücken Sie auch Ihren Gesprächspartner in die Rolle eines trotzigen Teenagers. Ein trotziger Teenager wird Ihnen aber in den seltensten Fällen geben, was Sie von ihm möchten.

Wir haben im Kapitel 3, *Haltung und Körperhaltung* schon darüber gesprochen, aber ich möchte Sie trotzdem noch einmal daran erinnern: Auch und vor allem Ihre Körpersprache entscheidet darüber, wie Sie auf der Beziehungsebene wirken. Wenn Sie etwas fordern, dann halten Sie auf jeden Fall in diesem Moment Blickkontakt. Und zwar nicht, indem Sie mit gesenktem Kopf von unten nach oben schauen (das wirkt unterwürfig) oder indem Sie Ihren Gesprächspartner mit nach oben gezogenem Kinn von oben herab anblicken (das wirkt arrogant). Sondern indem Sie auf einer horizontalen Blicklinie – sozusagen auf Augenhöhe – mit Ihrem Gegenüber bleiben. Sobald Sie Ihre Forderung gestellt haben und der andere zu sprechen beginnt, dürfen Sie den Blickkontakt unterbrechen, denn Sie wollen Ihren Gesprächspartner ja nicht niederstarren. Gehen Sie mit Ihrem Blick aber zur Seite weg und nicht nach unten. Nehmen Sie immer wieder Blickkontakt auf und halten Sie ihn für einige Sekunden.

Forderung und Körpersprache

Ein Lächeln, so sagt ein altes chinesisches Sprichwort, ist die kürzeste Verbindung zwischen zwei Menschen. Und tatsächlich kann ein einfaches Lächeln ein Gespräch deutlich entspannen. Doch während Sie eine Forderung stellen, sollten Sie nicht lächeln. Jedenfalls dann nicht, wenn es um mehr als eine selbstverständliche Kleinigkeit geht und Widerstand möglich oder wahrscheinlich ist.

Lächeln hilft - nicht immer

Warum ist das so? Ein Lächeln wirkt authentisch, wenn es etwas zum Lächeln gibt. Also zum Beispiel, wenn Sie jemanden begrüßen, auf den Sie sich wirklich gefreut haben, oder wenn etwas gesagt wird, das zum Schmunzeln ist. Wenn Sie etwas fordern, möchten Sie aber zum Ausdruck bringen, dass Sie es ernst meinen, und nicht, dass Sie Ihre Forderung lustig finden. Ein Lächeln wirkt hier also in der Regel nicht authentisch.

Es sei denn, Sie wissen bereits, dass Ihr Gegenüber Ihren Wunsch auf jeden Fall erfüllen muss. So lächeln zum Beispiel in James-Bond-Filmen die Schurken, wenn sie mit vorgehaltener Waffe etwas von ihren Opfern fordern. Das ist hier aber nicht der Fall. Wenn Sie lächeln und dieses Lächeln aus der Situation heraus nicht authentisch wirkt, dann wirkt es unterwürfig. So als wollten Sie den anderen zunächst beschwichtigen, damit er Ihnen später entgegenkommt. Sie rutschen damit automatisch in die Haltung eines Bittstellers. Lächeln Sie also bei Begrüßung und Smalltalk – aber nicht, wenn Sie gerade eine Forderung stellen.

Es wurde im Kapitel 3, *Stimme und Stimmung* schon angesprochen: Auch Ihre Stimme und Sprechgeschwindigkeit wirken sich darauf aus, wie durchsetzungsstark Sie wirken.

Stimme und Sprechgeschwindigkeit

Gerade beim Stellen von Forderungen ist dies besonders wichtig. Studien haben gezeigt, dass wir Menschen mehr Autorität zubilligen, wenn sie langsam und mit tiefer Stimme sprechen. Wenn sie dagegen schnell, leise und in einer hohen Stimmlage sprechen, verlieren sie an Autorität, und es wird schwerer, sich durchzusetzen.

Sprechen Sie leise, wirkt es so, als trauten Sie sich nicht wirklich auszusprechen, was Sie wollen. Als hätten Sie Angst, andere dadurch zu stören. Sprechen Sie zu schnell, entsteht der Eindruck, Sie hätten Angst, jeden Moment unterbrochen zu werden und dadurch nicht alles vorbringen zu können, was Ihnen wichtig ist. Und eine hohe Tonlage verrät, dass Sie nervös sind, dass Ihr Zwerchfell angespannt ist und der Flucht-und-Kampf-Modus im Begriff ist, die Kontrolle über Ihren Denkapparat zu übernehmen.

Gegen eine zu hohe Stimme helfen ein bewusstes Ausatmen, die Verlangsamung der Atmung und ein Entspannen der Bauchmuskulatur. Zugegeben: Das ist nicht ganz einfach. Aber gerade über Ihre Atmung können Sie sich vor einem Gespräch selbst beruhigen – und das hört man.

Noch schwieriger ist es, die eigene Lautstärke und Sprechgeschwindigkeit zu kontrollieren. Die meisten Menschen sind sich nicht bewusst, dass sie zu leise oder zu schnell sprechen, sonst würden sie dies vermutlich ändern. Wir nehmen uns selbst in Gesprächen leider anders wahr, als wir von außen wahrgenommen werden. Holen Sie sich deshalb Feedback ein. Fragen Sie Freunde oder Kollegen, wie diese Ihre Lautstärke und Sprechgeschwindigkeit einschätzen, und arbeiten Sie im Alltag an diesen beiden Stellschrauben. Nur wenn Sie im Alltag in der Lage sind, Ihre Geschwindigkeit und Lautstärke zu kontrollieren, werden Sie das auch dann können, wenn es ernst wird und Sie eine Forderung vorbringen.

Blinde Flecke bei Lautstärke und Geschwindigkeit

Auf den Punkt gebracht:

- Sagen Sie klar und deutlich, was Sie wollen. Verkleiden Sie Ihre Wünsche nicht als bloße Ideen oder Vorschläge.
- Seien Sie freundlich im Ton, aber beharrlich in der Sache. Geben Sie sich nicht nach dem ersten Nein geschlagen.
- Benutzen Sie die „Sprung in der Schallplatte"-Technik und wiederholen Sie Ihre Forderung mehrmals.
- Verzichten Sie auf Formulierungen wie „du musst ...", „du sollst ..." oder „du darfst nicht ...".
- Halten Sie Blickkontakt, während Sie eine Forderung stellen.
- Sprechen Sie langsam, laut und mit tiefer Stimme.

Die eigenen Ziele formulieren

Nun haben Sie eine Vorstellung davon, wie Sie Ihre Wünsche und Interessen einfordern. Nämlich klar, direkt und eindeutig. Aber was genau sollten Sie denn fordern? Es macht Sinn, sich darüber

Klarheit zu verschaffen, noch bevor das Gespräch beginnt. Denn wenn Sie nicht wissen, was genau Sie wollen, können Sie es nicht bekommen.

Ich möchte Ihnen an dieser Stelle das MAMA-Prinzip des Kommunikationstrainers Peter Brandl mit auf den Weg geben. MAMA steht bei Peter Brandl für

- **M**aximalziel
- **A**lternativen
- **M**inimalziel
- **A**usstiegsszenario

Es ist notwendig, dass Sie über diese vier Punkte in jedem Fall nachgedacht haben, bevor Sie in das Gespräch gehen.

Was ist Ihr Maximalziel? Was, glauben Sie, können Sie im besten aller Fälle durchsetzen? Was ist das für Sie beste vorstellbare Ergebnis – ambitioniert, aber realistisch? Was auch immer es ist: Erforderlich ist eine klare (und wenn möglich bildhafte) Vorstellung davon, damit Sie zu Beginn des Gesprächs genau dieses Maximalziel als Forderung formulieren.

Maximalziel festlegen

Vielleicht werden Sie nun einwenden, dass dies doch ganz schön dreist sei. Schließlich hat man Ihnen beigebracht, dass man auch die Interessen der anderen berücksichtigen, sich auf sein Gegenüber zubewegen und Kompromisse anstreben sollte. Das stimmt natürlich – aber erst in einem zweiten Schritt. Im ersten Schritt geht es darum, dass Sie Ihren Standpunkt, Ihren Ausgangspunkt bestimmen, noch bevor Sie sich dann später im Laufe des Gesprächs bewegen.

Wenn Ihr Ausgangspunkt aber schon ein Kompromiss ist, dann steigen Sie quasi auf halbem Weg zum Maximalziel Ihres Gegenübers ein. Das Gesprächsergebnis wird dann mit hoher Wahrscheinlichkeit weit näher am Maximalziel Ihres Gegenübers als an Ihrem eigenen liegen. Der Ausgangspunkt, den Sie mit Ihrer Forderung bei Gesprächsbeginn setzen, bestimmt, wo der Endpunkt liegt, den Sie im Gespräch erreichen können.

Viele Menschen kostet es Überwindung, mit einer so ambitionierten Forderung – ihrem Maximalziel – in ein Gespräch einzusteigen. Denn unser passiver Autopilot drängt uns dazu, schon von vornherein mit einer Konzession bei unserem Gegenüber gut Wetter zu machen. Überwinden Sie sich trotzdem! Für das Klima zwischen Ihnen und Ihrem Gegenüber ist es viel entscheidender, in welchem Ton Sie etwas sagen, als das, was Sie fordern.

Und wenn Sie nun ein Nein zu hören bekommen? Denken Sie an die freundliche Beharrlichkeit eines Kindes an der Supermarktkasse. Geben Sie nicht beim ersten Nein auf. Sie dürfen Ihre Forderung mehrmals wiederholen. Und ja, Sie dürfen Ihr Gegenüber damit auch ein Stück weit nerven. Ob und wie oft Sie das tun sollten, hängt sicher davon ab, wie es Ihnen damit geht und wie die Situation ist, in der Sie sich befinden. Hier müssen Sie selbst ein Gefühl dafür entwickeln, wie lange Sie Ihr Maximalziel verteidigen möchten. Streichen Sie die Segel aber nicht schon prinzipiell beim allerersten Nein.

Stellen wir uns vor, Sie möchten von Ihrer Chefin die Leitung eines Projekts übertragen bekommen und dafür ein anderes Projekt, das Sie frustriert, abgeben. Zwar glauben Sie nicht, dass Ihre Chefin Sie damit so ohne Weiteres durchkommen lässt. Vermutlich wird es darauf hinauslaufen, dass Sie sich die Verantwortung für das neue Projekt mit jemandem teilen müssen und einen Teil der Verantwortung für das alte Projekt behalten. Trotzdem sollten Sie mit Ihrer Maximalforderung in das Gespräch einsteigen.

Das könnte in etwa so klingen: „Frau Schmidt, ich habe das Gespräch mit Ihnen heute vereinbart, weil ich die Leitung von Projekt X abgeben möchte und weil ich möchte, dass Sie mir dafür die Leitung von Projekt Y übertragen." Sicher werden Sie in einem nächsten Schritt nun Gründe dafür nennen müssen und vermutlich werden Sie von Ihrer Chefin heruntergehandelt. Das passiert in der Regel aber sowieso – egal, mit welchem Ziel Sie einsteigen. Steigen Sie also hoch ein und benutzen Sie bei einem Nein zunächst die „Sprung in der Schallplatte"-Technik, indem Sie Ihre Forderung und eine kurze Begründung dafür freundlich, aber beharrlich wiederholen.

Da man ohnehin versuchen wird, Sie von Ihrem Maximalziel abzubringen, macht es Sinn, dass Sie sich vorab auch schon Gedanken zu Alternativen machen. Wenn Sie trotz all Ihrer freundlichen Beharrlichkeit bei Ihrem Gegenüber auf Granit beißen: Wie können Sie Ihr Maximalziel dann abwandeln? Abwandeln muss nicht zwangsläufig nachgeben heißen. Ja, Sie könnten nun natürlich auf einen Kompromiss hinarbeiten und – wenn Sie die Projektleitung nicht erhalten – die stellvertretende Projektleitung ins Gespräch bringen. Eine andere Möglichkeit wäre, dass Sie darüber nachdenken, warum Ihnen die Projektleitung in Projekt Y denn eigentlich so wichtig ist und warum Sie Projekt X loswerden wollen. Welches Interesse liegt Ihrer Forderung also zugrunde?

Alternativen im Voraus überlegen

Vielleicht verstehen Sie sich als versierter Techniker und die technischen Herausforderungen bei Projekt Y reizen Sie, während Projekt X eigentlich einer bürokratischen Fleißarbeit gleicht, die Sie langweilt. Dann könnte Ihre Alternative lauten, dass Sie die technische Leitung beider Projekte übernehmen, während eine Kollegin die Gesamtleitung von Y behält und zusätzlich die von X übernimmt, sich aber vor allem um Kennzahlen und die Berichterstattung an die Geschäftsleitung kümmert.

Vielleicht ist Ihr Interesse aber auch ein ganz anderes: Prestige ist Ihnen wichtig und Projekt Y ist deutlich prestigeträchtiger als Projekt X. Wenn Ihre Chefin Ihnen die Projektleitung für Y nun nicht geben will, dann wäre Ihrem Interesse nach Prestige auch gedient, wenn Sie die Projektfortschritte in Y nach außen hin präsentieren dürften und für die Kommunikation mit der Geschäftsleitung zuständig wären, obwohl ein anderer die eigentliche Projektleitung innehat.

Wichtig ist, dass Sie flexibel und beweglich bleiben. Wenn Sie sich dauerhaft an Ihrer Position – dem zu Anfang formulierten Maximalziel – festklammern, obwohl Sie damit auf anhaltenden Widerstand treffen, ist niemandem gedient. Das Gespräch dreht sich dann im Kreis und droht in einen Konflikt abzugleiten.

Ein dritter Punkt, über den es lohnt nachzudenken, ist Ihr Minimalziel. Was ist das Mindeste, das Sie für sich erwarten, sodass Sie sagen können: „Ich bin einverstanden, so machen wir das!"? Warum sollten Sie auch über diesen Punkt vorab nachdenken? Weil jedes Gespräch etwas mit Ihnen macht und Sie emotional beeinflusst. Wie leicht passiert es, dass Sie aus der Situation heraus zu etwas Ja sagen und dies im Nachhinein bereuen? Wie oft kommt es vor, dass Sie sich nach einer frustrierenden Unterhaltung mit etwas zufriedengeben, was eigentlich nicht ausreichend ist? Machen Sie sich daher vorab Gedanken darüber, was Sie mindestens erreichen wollen. Schreiben Sie es sich am besten auf, denn ein Minimalziel, das Sie sich schriftlich notiert haben, werden Sie im Eifer des Gefechts nicht leichtfertig über Bord werfen.

Minimalziel vorher festlegen

Wenn Sie Ihr Minimalziel nicht erreichen konnten, stehen Sie vor der Frage, was Sie nun tun sollten. Was ist Ihr Ausstiegsszenario? Diese Frage sollte Sie nicht unvorbereitet treffen. Nur wenn Sie sich vorab damit auseinandergesetzt haben, werden Sie bereit sein, das Gespräch konsequent zu führen. Würden Sie sich beispielsweise nach einem neuen Job umschauen und die Firma wechseln, wenn Ihre Chefin Ihnen gar nicht entgegenkommt? Oder vielleicht das Gespräch mit der Geschäftsleitung suchen, um dort etwas zu bewegen? Diese Fragen sollten Sie durchgespielt und für sich beantwortet haben, bevor Sie mit Ihrer Chefin über Ihre Aufgaben sprechen. Denn beginnen Sie erst dann, darüber nachzudenken, wenn Sie im Gespräch mit einer abblockenden Haltung Ihres Gegenübers konfrontiert sind, wird Sie das schwächen und als Unsicherheit nach außen sichtbar werden.

Ausstiegsszenario

Manchmal genügt es nicht, über das Ausstiegsszenario nachzudenken. Manchmal muss man Ausstiegsszenarien gezielt vorbereiten und aufbauen. Stellen Sie sich vor, Sie haben vor dem Gespräch mit Ihrer Chefin bereits den Arbeitsmarkt in Ihrer Branche sondiert und einen der Headhunter zurückgerufen, die Sie des Öfteren per Mail kontaktieren. Und zwar obwohl Sie die Firma eigentlich nicht wechseln möchten. Sie werden im Gespräch mit Ihrer Chefin selbstsicherer auftreten und vermutlich mehr für sich herausholen, wenn Sie wissen, dass Ihr Ausstiegsszenario der durchaus gut bezahlte und spannende Job ist, den Ihnen der Headhunter angeboten hat.

Maximalziel, Alternativen, Minimalziel und Ausstiegsszenario. Die Anfangsbuchstaben der vier Wörter ergeben das Wort MAMA, das Sie sich hoffentlich gut merken können. Denn jedes Mal, wenn Sie in ein wichtiges Gespräch gehen, sollten Sie über diese vier Punkte nachgedacht haben. Das MAMA-Prinzip von Peter Brandl, das Sie hier kennengelernt haben, ist kurz und einfach. In der Regel genügen Ihnen wenige Minuten, um sich in allen vier Punkten Klarheit zu verschaffen und dadurch die Chancen deutlich zu steigern, dass Sie sich durchsetzen können.

Gerade wenn Ihnen die Situation konfliktträchtig erscheint, ist es sinnvoll, die Sache nochmals aus einer anderen Perspektive zu betrachten. Ich möchte Ihnen hierzu ein weiteres Werkzeug vorstellen: das Zielquadrat der Kommunikation (angelehnt an Friedemann Schulz von Thuns Kommunikationsquadrat).

Zielquadrat der Kommunikation als Gesprächsvorbereitung

Jedes Ziel, das Sie in einem Gespräch verfolgen, kann im Zielquadrat der Kommunikation von vier Seiten aus betrachtet werden. Denn ein Ziel, das Sie für sich formulieren, zerfällt meist in

- ein Sachziel,
- ein Prozessziel,
- ein Beziehungsziel und
- ein Identitätsziel.

Warum das von Bedeutung ist und was Sie sich unter diesen vier Zielperspektiven vorstellen können, möchte ich Ihnen am Beispiel eines meiner Seminarteilnehmer verdeutlichen.

Dieser Seminarteilnehmer – nennen wir ihn einmal Thomas – arbeitete für einen großen Supermarkt und war dort unter anderem für Aufbauten im Eingangsbereich zuständig, in denen den Kunden bestimmte Produkte schmackhaft gemacht werden sollten. Im

Frühling musste er zum Beispiel allerlei Produkte zur Gartenarbeit in einem ansprechenden Ensemble zusammenstellen, um damit Kunden zum Kauf von Töpfen, Blumenerde und Gartenschaufeln anzuregen. Vor Weihnachten sollte er Puppen, Lego-Raumschiffe und Videokonsolen um festlich geschmückte Weihnachtsbäume und Weihnachtsmänner drapieren.

Das Problem dabei: sein Vorgesetzter! Dieser Vorgesetzte – nennen wir ihn Peter – kündigte immer an, dass beide zusammen einen solchen Aufbau in Angriff nehmen würden. Kaum hatten Thomas und Peter begonnen, klingelte aber schon Peters Handy, der sofort in sein Büro eilte, um sich dringenderen Aufgaben zu widmen. Thomas musste die Arbeit nun allein zu Ende führen und das ärgerte ihn mächtig. Erstens, weil Peter seine Mitarbeit ausdrücklich angekündigt hatte. Zweitens, weil Peter sehr konkrete Vorstellungen davon hatte, wie der Aufbau am Schluss aussehen sollte, und oft Änderungen einforderte, nachdem Thomas die Arbeit erledigt hatte.

Thomas hatte sich also vorgenommen, von Peter zu fordern, dass er bei solchen Aufbauten dabeibleiben und mithelfen sollte, bis die Arbeit fertig war – selbst wenn das Handy klingeln sollte. Das war sein Ziel. Thomas kündigte im Seminar an, dass er den Job kündigen würde, falls Peter nicht bereit wäre, hier einzulenken.

Thomas' Sachziel war also, seinen Vorgesetzten dazu zu bekommen, als gemeinsam zu erledigende angekündigte Arbeiten beim Produktaufbau auch gemeinsam zu erledigen. Andere Sachziele sind zum Beispiel:

Das Sachziel festlegen und formulieren

- Wenn Sie verlangen, dass Ihr Teenager das Zimmer aufräumen soll, ist es Ihr Sachziel, dass das Zimmer aufgeräumt ist.
- Wenn Sie eine Gehaltserhöhung fordern, ist Ihr Sachziel, dass die Firma Ihnen mehr Gehalt überweist.
- Wenn Sie in den Osterferien mit Ihrer Familie in den Urlaub fahren möchten, ist Ihr Sachziel, dass Ihre Führungskraft Ihnen über Ostern Urlaub gibt.

Was ich im Fall von Thomas' Sachziel erstaunlich fand, war, dass er bereit war zu kündigen, wenn Peter nicht auf seine Forderung eingehen würde. Denn so wichtig konnte dieses Sachziel für sich allein doch nicht sein. Zumal es ja das gute Recht einer Führungskraft ist, sich um Führungsaufgaben zu kümmern und operative Tätigkeiten zu delegieren.

Für mich lag die Vermutung nahe, dass es Thomas gar nicht wirklich um das Sachziel ging, sondern um ein Beziehungs- und/oder Identitätsziel.

Bei einem Beziehungsziel geht es immer um die Frage: „Wie gehen wir miteinander um?" In diesem Fall könnte das Beziehungsziel bei Thomas lauten: „Ich will, dass Peter mich respektiert." Eine einfache Möglichkeit, zu überprüfen, ob ein Sachziel oder ein anderes Ziel im Vordergrund steht, besteht darin, zu fragen: „Wenn dein Sachziel erfüllt wird und alles andere so bleibt, wie es ist – ist dann alles in Ordnung für dich?"

Beziehungsziel betrifft Umgangsformen

Thomas' Antwort auf diese Frage war ein klares: „Nein!" Im Seminargespräch wurde schnell deutlich, dass das Sachziel (das gemeinsame Arbeiten an den Aufbauten) nur die Spitze eines Eisbergs war. Eigentlich ging es Thomas um ein Beziehungsziel, nämlich darum, wie er grundsätzlich von seinem Vorgesetzten behandelt wurde. Ein Gespräch, bei dem nur das Sachziel im Mittelpunkt gestanden hätte, wäre also vollkommen ins Leere gelaufen. Es hätte nichts geklärt und vielleicht sogar im Desaster geendet.

Andere Beispiele für Beziehungsziele sind:

- Sie und Ihr Lebenspartner wollen heiraten. Dabei bestehen Sie auf einer kirchlichen Trauung (Sachziel). Das Beziehungsziel ist aber, dass Sie eine besonders feste Verbindung zu Ihrem Partner eingehen möchten. Wenn Sie so sehr auf Ihrem Sachziel bestehen, dass die Beziehung dadurch gestört wird, handeln Sie gegen ihre eigenen Interessen.

- Sie verlangen von Ihrem Teenager, dass er seine Sachen aufräumt und nicht in der ganzen Wohnung herumliegen lässt (Sachziel). Möglicherweise geht es Ihnen aber eigentlich um ein Beziehungsziel. Nämlich darum, dass Sie sich nicht respektiert fühlen, wenn Ihr Teenager Sie als Putzfrau missbraucht.

Menschen schieben gerne Sachziele in den Vordergrund. Sie wollen sich (und ihrem Gegenüber) nicht eingestehen, dass es sich bei ihrem Anliegen eigentlich viel eher um Beziehungsziele handelt. Das geht aber in den allermeisten Fällen schief. Wenn Ihr eigentliches Ziel ein Beziehungsziel ist, dann sprechen Sie das auch klar und direkt an und verstecken Sie es nicht hinter einem Sachziel.

Im Fall von Thomas und seinem Vorgesetzten hatte ich die Vermutung, dass neben dem Beziehungsziel noch etwas anderes eine Rolle spielt: ein Identitätsziel. Wir alle haben eine Vorstellung davon, welche Art von Person wir sein möchten. Es ist uns wichtig, welche Person wir morgens im Spiegel sehen, wenn wir uns rasieren oder schminken.

Identitätsziel spiegelt unsere Wunschpersönlichkeit

Thomas war Mitte 20, trug eine Lederjacke und hatte einige Tattoos. Es schien ihm wichtig zu sein, als ein Mann wahrgenommen zu werden, der stark ist und für sich selbst einsteht. Ganz offensichtlich wollte er in seinem Spiegel niemanden sehen, der sich von anderen herumschubsen lässt. Niemanden, den man ungestraft einfach so im Regen stehen lässt.

Deswegen war Thomas bereit, wegen dieser eigentlich banalen Sache zu kündigen. Einen Chef zu haben, konnte er akzeptieren. Das Gefühl, machtlos zu sein, wenn sein Chef etwas ankündigte und sich dann nicht daran hielt, aber nicht.

Gerade wenn es zu heißen Streitgesprächen kommt, verbergen sich hinter Sachzielen sehr oft Identitätsziele. Beispiele hierfür sind:

- Eine Chefin weist einen Mitarbeiter in seine Schranken. Sie rechtfertigt das mit einem Sachziel: Damit die Abteilung funktioniert, muss eben die Hierarchie eingehalten werden. Tatsächlich ist für sie ein Identitätsziel aber wichtiger. Sie fragt sich: „Was bin ich denn für eine Chefin, wenn die hier alle machen, was sie wollen, und mir auf der Nase herumtanzen?"
- Ein Teenager weigert sich, sein Zimmer aufzuräumen. Er begründet das mit einem Sachziel: „Ich mag mein Zimmer so, wie es ist." Sein eigentliches Ziel ist aber ein Identitätsziel. In seinem Spiegel möchte er einen selbstständigen jungen Mann sehen. Kein Bübchen, das sich noch von seiner Mutter vorschreiben lässt, was es zu tun und zu lassen hat.

Menschen sprechen ihre Identitätsziele in der Regel nicht direkt an. Und sie wollen auch nicht, dass andere sie ansprechen. Identitätsziele befinden sich ebenfalls in dem Teil des Eisbergs, der unter der Wasseroberfläche verborgen liegt. Und dort sollten Sie sie auch belassen. Meistens hängen Identitätsziele aber auch mit Beziehungszielen zusammen. Und Beziehungsziele können und sollten Sie direkt ansprechen, sie an die Wasseroberfläche bringen und sichtbar machen.

Wichtig ist aber in jedem Fall, dass Sie sich der Identitätsziele bewusst sind. Bei sich selbst – und noch viel mehr bei Ihrem Gegenüber, auch wenn Sie sie dort nur erraten können. Denn eine sachliche Lösung, die die Identitätsziele beider Seiten nicht berücksichtigt, wird keine nachhaltige Lösung sein.

Wie Thomas sein Gespräch mit seinem Vorgesetzten Peter geführt hat, weiß ich nicht. Im Seminar haben wir ihm jedenfalls empfohlen, statt dem Sachziel sein Beziehungsziel in den Mittelpunkt zu stellen. Ich hoffe, die beiden hatten ein gutes Gespräch und haben zu einem respektvolleren Umgang miteinander gefunden.

Abschließend sollten wir uns noch mit Prozesszielen beschäftigen. Ein Prozessziel bezieht sich auf die Art und Weise, *wie* etwas erreicht werden soll. Im Fall von Thomas und Peter haben Prozessziele keine Rolle gespielt. In anderen Fällen aber können sie oft dazu führen, dass Gespräche eskalieren – und das, obwohl sich beide Seiten beim Sachziel einig sind. Hier einige Beispiele für Prozessziele:

Prozessziel – in der Sache einig, aber nicht im Wie

- Frau Schmidt und Herr Mayer wollen beide die Betriebskosten der Firma senken (Sachziel). Herr Mayer möchte das aber tun, indem er Mitarbeiter entlässt. Frau Schmidt dagegen möchte die Mitarbeiter halten und durch eine Modernisierung der Anlagen und effizientere Produktionsmethoden geringere Betriebskosten realisieren.
- Tim und Tina sind verheiratet. Sie beide möchten in Zukunft umweltfreundlicher leben (Sachziel). Allerdings möchte Tina das tun, indem beide in Zukunft auf Fernreisen mit dem Flugzeug verzichten. Tim sind die Fernreisen aber wichtig. Er möchte stattdessen das Haus besser dämmen.

Mit einem Wort: Man ist sich in der Sache einig, nicht aber bei der Frage, wie man sie erreichen oder umsetzen möchte. Prozessziele gehören zu den Zielen, über die am erbittertsten gestritten wird. Das liegt daran, dass das Wissen um das gemeinsame Sachziel beide Seiten dazu verleitet, anzunehmen, der andere müsse es doch genauso sehen wie man selbst. Wenn das nicht der Fall ist, fühlen sich Menschen schnell verraten und hintergangen. Gerade weil man sich inhaltlich so nahesteht, ist man über die Differenzen bei der Frage der Umsetzung umso erbitterter und enttäuschter. Hier ist es wichtig, das Gemeinsame nicht aus den Augen zu verlieren, gleichzeitig aber bei seinem Gegenüber nichts als selbstverständlich vorauszusetzen.

Ob MAMA-Prinzip oder Zielquadrat der Kommunikation – nehmen Sie sich Zeit, um über Ihre Ziele nachzudenken, bevor Sie etwas fordern. Nur wenn Sie sich selbst über Ihre Ziele klar sind, werden Sie sie klar kommunizieren können.

Auf den Punkt gebracht:

- Denken Sie schon vor dem Gespräch darüber nach, was Ihr Maximalziel ist. Steigen Sie mit diesem Maximalziel in das Gespräch ein.
- Denken Sie schon vor dem Gespräch über Alternativen zu Ihrem Maximalziel nach. So sind Sie flexibel, wenn sich das Maximalziel als nicht erreichbar erweist.
- Schreiben Sie sich vor dem Gespräch Ihr Minimalziel auf. So verhindern Sie, dass Sie im Laufe des Gesprächs einem Deal zustimmen, der Sie schlechterstellt, als wenn Sie niemals verhandelt hätten.
- Denken Sie schon vor dem Gespräch über ein Ausstiegsszenario nach. Wenn Sie Ihr Minimalziel nicht erreichen: Was bedeutet das für Sie und wie gehen Sie dann weiter vor?
- Denken Sie darüber nach, was Ihr eigentliches Ziel ist. Geht es Ihnen nur um die Sache? Oder stehen hinter dem Sachziel eigentlich Prozessziele, Beziehungsziele oder Identitätsziele?

Die Führung übernehmen und Gespräche mit Fragen steuern

Die besten Chancen, sich durchzusetzen, haben Sie dann, wenn Sie im Gespräch eine Führungsrolle einnehmen. Klingt logisch, oder? Aber was bedeutet es, die Führung in einem Gespräch zu übernehmen? Führt derjenige, der den größten Redeanteil hat? Oder der, der andere häufig unterbricht, sich selbst aber nicht unterbrechen lässt? Wohl eher nicht!

Gerade ein sehr hoher eigener Redeanteil ist ein sicheres Zeichen dafür, dass Sie das Gespräch in diesem Moment gegen die Wand fahren. Reden Sie mehr als 60–70 Prozent der Zeit, sollten Sie auf jeden Fall auf die Bremse treten und gegenlenken. Denn wer viel redet, vermittelt den Eindruck, überreden zu wollen und wenig Interesse am anderen zu haben. Er löst damit einen reflexhaften Widerstand aus. Dann kommt das Nein Ihres Gegenübers quasi automatisch und ein einziges kurzes Nein kann einen zehnminütigen Monolog aus den Angeln heben.

Überreden führt zu Widerstand

Auch wenn Sie Ihr Gegenüber häufig unterbrechen (und sich selbst nicht unterbrechen lassen), sichert Ihnen das keine Führungsrolle im Gespräch. Ja, andere zu unterbrechen, kann eine Demonstration von Macht und einem höheren Status sein. So gibt es zum Beispiel Führungskräfte, die ihre Mitarbeiter regelmäßig unterbrechen, um damit zu unterstreichen, dass sie hier der Chef sind. Doch auch das Unterbrechen des Gegenübers trägt das Risiko in sich, beim anderen einen reflexhaften Widerstand auszulösen.

In einem Gespräch zu führen, bedeutet, bestimmen zu können, in welche Richtung sich das Gespräch entwickelt und welche Etappen es wann durchläuft. Wenn es Ihnen gelingt, die Agenda für das Gespräch zu bestimmen und jeweils festzulegen, welche Themen wann zur Sprache kommen und aus welcher Perspektive sie betrachtet werden, ist es sehr wahrscheinlich, dass Sie am Ende das letzte Wort behalten und sich auch inhaltlich durchsetzen werden. Das Steuerruder, mit dem Sie im Gespräch die Richtung bestimmen, sind Ihre Fragen.

Den Gesprächsverlauf steuern

Stellen wir uns ein Gespräch doch mal als Reise mit einem Segelschiff vor, auf dem Sie sich mit Ihrem Gesprächspartner befinden. Mit Ihren Fragen bestimmen Sie den Kurs, die Richtung, in die das Schiff segelt.

Nehmen wir einmal an, Sie sprechen mit Ihrer Partnerin oder Ihrem Partner über die diesjährigen Urlaubspläne. Sie wollen nach Südostasien, ihr Partner nach Dubai. Gehen Sie von Anfang an in die Führungsrolle und setzen Sie mit einer ersten Frage den Kurs. Zum Beispiel: „Was genau findest du denn an

Mit Fragen lenken

Dubai so spannend?“ Das Gespräch wird sich nun in den nächsten Minuten damit beschäftigen, was an Dubai spannend sein könnte. Vielleicht nennt Ihr Partner nun Dinge wie Shoppen, Relaxen, die aufregende Architektur in der Stadt und das leckere Essen.

Sie haben die Richtung vorgegeben, Ihr Partner ist Ihnen gefolgt, indem er antwortet und nun alles aufzählt, was er an Dubai interessant findet. Man könnte sagen: Sie haben mit Ihrer Frage Ruder gelegt und nun segelt das Schiff durch ein von Ihnen festgelegtes, ganz bestimmtes Seegebiet, in dem Sie all die Informationen dazu abfischen können, was für Ihren Partner für Dubai spricht.

Gibt es in diesem Seegebiet für Sie nichts mehr zu fischen (Sie wissen jetzt alles, was Sie zu dieser Frage wissen möchten), dann setzen Sie mit einer neuen Frage einen neuen Kurs. Sie könnten zum Beispiel fragen, ob es auch Dinge gibt, die Ihr Partner an Südostasien interessieren. Ein neues Thema – ein neues Seegebiet. Sie haben es mit Ihrer Frage angesteuert und können nun auch dort für ein paar Minuten nach Informationen fischen, die Ihnen später nützlich sein werden.

Legen Sie dann mit einer dritten Frage erneut Kurs an: „Wie müsste denn ein Südostasien-Urlaub aussehen, damit du ihn genauso genießen würdest wie einen Urlaub in Dubai?“ Und auch in diesem Seegebiet gehen Ihnen wieder wichtige Informationen ins Netz.

Bis zu diesem Punkt ist die Seereise für Sie vollkommen anstrengungsfrei verlaufen. Denn Sie haben mit Ihren Fragen nur ganz lässig das Steuerruder in die eine oder andere Richtung gedreht und sich danach bequem zurückgelehnt. Die eigentliche Arbeit – das Argumentieren, Rechtfertigen und Begründen – hat Ihr Gegenüber erledigt. Glauben Sie mir: Es ist anstrengend, ständig neue Argumente und Gründe anführen zu müssen – vor allem, wenn die dann immer wieder hinterfragt werden. In etwa so anstrengend wie Rudern oder das Hissen eines schweren Segels. So etwas erledigt sich nicht von allein. Es kostet auf Dauer sehr viel Kraft.

Fragen kosten keine Kraft

Sie haben Ihr Gegenüber also sozusagen zum Matrosen gemacht, der für Sie ständig neue Segel setzt, sie neu ausrichtet und manchmal auch rudern muss. In welche Richtung gesegelt oder gerudert wird, haben aber zu jedem Zeitpunkt Sie festgelegt – mit Ihren Fragen.

Und nun sind Sie fast am Ziel. Sie haben all die Informationen, die Sie brauchen. Sie wissen genau, wie ein Urlaub aussehen muss, zu dem Ihr Partner Ja sagen kann. Nun ist für Sie der Zeitpunkt gekommen, eigene Argumente zu bringen, die exakt zu dem passen, was Sie über die Vorstellungen Ihres Partners von einem Traumurlaub in Erfahrung gebracht haben. Jetzt können Sie also selbst zielgerichtete Argumente entwickeln, Segel setzen und Fahrt aufnehmen.

Antworten ermöglichen passgenaue Argumente

Sie könnten zum Beispiel darauf hinweisen, dass es kaum eine Stadt mit aufregenderer Architektur gibt als Singapur, wo man von Deutschland aus sowieso zwischenlandet und dann eventuell sogar noch zollfrei shoppen kann. Dass es in der Kultur und Küche Indonesiens starke arabische Einflüsse gibt. Und dass man kaum irgendwo so gut relaxen kann wie an den Stränden Balis.

Die Gesprächsstrategie, von Anfang an mit Fragen die Führung zu übernehmen, bietet Ihnen also eine ganze Reihe von Vorteilen:

Vorteile von Fragen

- Sie bestimmen zu jedem Zeitpunkt, worüber gesprochen wird.
- Sie sammeln viele nützliche Informationen, die Sie später brauchen, um Ihre Argumente passgenau entwickeln zu können.
- Sie geben Ihrem Gesprächspartner das Gefühl, dass Sie sich für ihn und seine Position interessieren und ihn verstehen wollen. Nur wenn er das Gefühl hat, verstanden zu werden, wird er sich später auch auf Ihre Ansichten und Argumente einlassen.
- Es ist kraftsparend, Fragen zu stellen. Nach jeder Frage können Sie sich zurücklehnen, während Ihr Gegenüber sich an der Frage abarbeiten muss.

Wie wäre das Gespräch abgelaufen, wenn Sie statt mit Fragen sofort mit Argumenten für einen Südostasien-Urlaub eingestiegen wären? Ihre Argumente wären sicher nicht passgenau gewesen, weil Sie zu diesem Zeitpunkt noch nicht die nötigen Informationen hatten, um sie passgenau zu machen. Sie hätten Ihr Gegenüber nicht abgeholt, weil Ihnen überhaupt nicht klar gewesen wäre, wo Ihr Gegenüber steht. Und Sie hätten den Eindruck vermittelt, überreden zu wollen. Ein Argument erzeugt Druck und Druck erzeugt Gegendruck. Es wäre möglicherweise zu einem Schlagabtausch mit Argumenten gekommen, bei dem jeder die Argumente des anderen gar nicht an sich heranlässt. Vor allem aber hätten Sie keine Möglichkeit gehabt, das Gespräch zu steuern.

Wenn Sie Ihrem Gesprächspartner ein Argument vortragen, haben Sie keinerlei Kontrolle darüber, was er mit dem Argument macht. Er kann ein eigenes Argument aus einem ganz anderen Bereich dagegensetzen, eine Rückfrage stellen oder komplett das Thema wechseln. Mit Argumenten geben Sie also das Steuer aus der Hand.

Damit das nicht passiert, lohnt es sich auf jeden Fall, Ihre Gesprächs-Seereise zu planen, bevor Sie in See stechen. Überlegen Sie sich vorab, welche Fragen Sie wann stellen möchten und welche Informationen Sie auf jeden Fall einholen sollten, bevor Sie mit eigenen Argumenten Segel setzen können. Denn wenn Sie Ihre Fragen ganz spontan aus dem Bauch heraus stellen, kann das schiefgehen.

Stellen Sie sich vor, Sie verhandeln mit Ihrer Chefin über eine Gehaltserhöhung. Sie fragen sie nach mehr Geld – und sie sagt Nein.

Fragen, die Sie auflaufen lassen

Weil Sie beim Geld nicht weiterkommen, fragen Sie sie jetzt danach, ob sie Ihnen eine Fortbildung zahlen würde. Und sie sagt noch mal Nein. Jetzt ärgern Sie sich ganz ordentlich und fragen: „Habe ich Sie richtig verstanden, dass Sie weder mein Gehalt erhöhen noch meine Fortbildung zahlen wollen?" Die Antwort lautet: „Ja, Sie haben mich richtig verstanden!"

Hier haben Sie innerhalb kurzer Zeit zwar drei Fragen gestellt – nur eben leider die falschen. Sie haben zwar Ruder gelegt, aber so, dass ihr Schiff zwangsläufig auf einen Felsen auflaufen musste.

Denn was ist die Standardantwort auf die Frage: „Habe ich Sie richtig verstanden ...?“ Klar! Die Antwort, die Sie gerade zu hören bekommen haben: „Ja, Sie haben mich richtig verstanden!“ Denn Menschen – und gerade Führungskräfte – widersprechen sich selbst nicht besonders gerne. Sie wollen als konsistent, als in sich stimmig wahrgenommen werden. Als eine Person, die zu dem steht, was sie einmal gesagt hat. Die Frage „Habe ich Sie richtig verstanden, dass Sie weder mein Gehalt erhöhen noch meine Fortbildung zahlen wollen?“ bewegt Ihre Chefin nicht dazu, ihre Meinung noch mal zu ändern. Im Gegenteil: Die Frage verfestigt ihre Entscheidung nur noch mehr, weil Sie ihre Entscheidung durch Ihre Frage mit ihrer Glaubwürdigkeit als Chefin verknüpft haben.

Fragen, die Sie vorwärtsbringen

Stellen Sie sich vor, Sie wären ganz anders in das Gespräch eingestiegen. Zunächst mit der Frage, wie Ihre Chefin Ihre Leistung beurteilt. Wenn Sie in der letzten Zeit gute Leistungen gebracht haben, wird Ihre Chefin Ihnen das nun vermutlich bestätigen. Und schon sind Sie eine Runde weiter. Sie segeln jetzt in einem Seegebiet, in dem die Winde für Ihre Sache äußerst günstig sind. Denn wenn Ihre Chefin Ihnen selbst gesagt hat, dass sie Ihre Leistung überdurchschnittlich findet, ist es für sie hinterher deutlich schwerer, Ihnen den Wunsch nach einer überdurchschnittlichen Entlohnung abzuschlagen. Sie würde sich dann ja selbst ein Stück weit widersprechen.

Aber vielleicht ist Ihre Chefin eine harte Nuss. Nehmen wir einmal an, dass sie auch diesmal sowohl Ihre Frage nach der Gehaltserhöhung als auch Ihre Frage nach der Fortbildung mit Nein beantwortet. Wie kommen Sie aus dieser Sackgasse wieder heraus?

Mit der richtigen Frage: „Wenn zurzeit weder die Gehaltserhöhung noch die Fortbildung möglich ist: Welche anderen Möglichkeiten sehen Sie denn, um meine Leistungen zu honorieren?“ Diese Frage führt Sie weg von den gefährlichen Felsen und in offenes Fahrwasser. Jeder Chef, der Sie halten möchte, wird nun versuchen, Ihnen etwas anzubieten, was Sie weiter motiviert. Auch die Frage „Was müsste denn passieren, damit Sie eine Gehaltserhöhung für gerechtfertigt halten?“ führt in ein Seegebiet, in dem es sich für Sie gut segeln lässt. Planen Sie Ihre Reise also, bevor Sie in See stechen. Welche Zwischenziele sollten Sie ansteuern? In welchen Seegebieten nach Informationen fischen? Und mit welchen Fragen können Sie diese Seegebiete erreichen?

Auf den Punkt gebracht:

- Ein hoher eigener Redeanteil ist kein Zeichen von Durchsetzungsstärke – im Gegenteil.
- Mit Fragen können Sie steuern, in welche Richtung sich das Gespräch entwickelt.
- Fragen sind kraftsparend, denn nachdem Sie eine Frage gestellt haben, können Sie sich zurücklehnen, während Ihr Gegenüber nun argumentieren, sich rechtfertigen und an der Frage abarbeiten muss.
- Fragen deeskalieren und geben Ihrem Gesprächspartner das Gefühl, dass Sie sich für ihn interessieren.
- Mit Fragen sammeln Sie Informationen, die Sie später brauchen, um überzeugend und zielgerichtet argumentieren zu können.
- Überlegen Sie sich vor dem Gespräch, welche Fragen Sie weiterbringen und welche Fragen Sie auflaufen lassen. Denn es genügt nicht, dass Sie mit Fragen steuern. Die Richtung muss stimmen!

Fragen richtig einsetzen

Ein guter Kapitän kennt eine ganze Reihe von Standardmanövern, die er im Schlaf beherrscht. Er weiß, welches Manöver wann Sinn macht und wann nicht. Und weil er seine Manöver in- und auswendig kennt, kann er sie mit Präzision ausführen, wenn er einmal in eine gefährliche Situation kommt.

In unseren Gesprächen entsprechen die verschiedenen Fragearten diesen Standardmanövern. Ja, es gibt verschiedene Fragearten – und manche Fragearten sind in manchen Situationen hilfreich und andere schädlich. Betrachten wir einmal die gängigsten.

Am Anfang eines Gesprächs sollten Sie viele offene Fragen stellen. Offene Fragen werden auch als W-Fragen bezeichnet. Sie beginnen mit den Wörtern „Was", „Wann", „Wer", „Wo", „Wie", „Womit" usw. Diese offenen Fragen können nicht einfach mit Ja oder Nein beantwortet werden. Ihr Gegenüber muss ein bisschen mehr sagen und Sie erhalten viele wichtige Informationen. Auch Informationen zu Aspekten, die Sie gar nicht auf dem Radar hatten und deswegen nie gezielt nach ihnen gefragt hätten. Eine offene Frage lädt Ihren Gesprächspartner dazu ein, seine Gedankenwelt zu einem bestimmten Thema mit Ihnen zu teilen. Und zwar alles, was in seinem Kopf vorgeht. Sie legen mit der Frage lediglich das Thema fest.

Offene Fragen

Das Ganze sollte sich natürlich nicht nach einem Ausfragen anhören. Deshalb kann es sinnvoll sein, Ihre Fragen zu begründen. Eine begründete Frage ist zum Beispiel: „Damit wir nachher nicht aneinander vorbeireden: Was genau haben Sie denn vor?" Oder: „Damit ich Ihnen genau die Informationen geben kann, die Sie brauchen: Welche Lösungen kommen für Sie denn in die engere Wahl?" Mit begründeten offenen Fragen bekommen Sie bereitwilliger Informationen geliefert, als wenn Sie einfach und unvermittelt fragen würden.

Begründete Fragen

Übrigens sollten Sie mit Fragen, die mit „Wieso", „Weshalb" und „Warum" beginnen, vorsichtig sein. Diese Fragen schaffen einen gewissen Rechtfertigungsdruck. „Wieso sind die Rechnungen noch nicht bearbeitet?" „Warum liegt die Druckerkartusche auf dem Boden?" Diese Fragen hören sich ein Stück weit wie Vorwürfe an. Sie können ein Gespräch vergiften.

Vorsicht bei Warum-Fragen

Ob eine Warum-Frage als Vorwurf aufgefasst wird, hängt im Wesentlichen vom Kontext, von der eigenen Körpersprache und Stimme sowie von der Stimmung des Gegenübers ab. Wenn Sie die Person neben sich am Bahnsteig fragen, warum der Zug nicht fährt, ist es sehr unwahrscheinlich, dass Ihnen das als Angriff ausgelegt wird. Aber falls Sie in einer angespannten Gesprächssituation nach Gründen fragen möchten, ohne bei Ihrem Gegenüber Rechtfertigungsdruck zu erzeugen, dann lohnt sich ein vorangehender Satz, um Missverständnissen vorzubeugen: „Mir geht es darum, dich / die Situation besser zu verstehen." Sie machen damit deutlich, dass es Ihr Ziel ist, Erkenntnisse zu gewinnen, statt den anderen zu kritisieren. Zusätzlich können Sie das Fragewort „warum" in vielen Fällen auch elegant ersetzen. Zum Beispiel durch: „Was sind denn die Gründe für ...?"; „Wie ist es dazu gekommen, dass ..."; „Was hat denn dazu geführt, dass ...?". Machen Sie hier aber keine vollkommen unnatürlich klingenden Formulierungs-Kopfstände. Meistens genügt es schon, die Warum-Frage mit freundlicher Stimme auszusprechen, um Rechtfertigungsdruck zu vermeiden.

Das Gegenstück zu offenen Fragen sind geschlossene Fragen. Solche Fragen lassen sich mit Ja oder Nein beantworten. Die

Geschlossene Fragen

meisten Menschen stellen in ihren alltäglichen Gesprächen fast ausschließlich geschlossene Fragen. Fragen wie: „Na, war der Urlaub schön?" Die Antwort lautet Ja oder Nein. Nur ein einziges Wort. Dabei fließt aber so gut wie keine Information, denn wie der Urlaub genau war, ist in der Antwort nicht enthalten – die Frage hat sich auf „schön / nicht schön" beschränkt.

Warum stellen Menschen vor allem geschlossene Fragen, wenn dabei doch so viele Informationen verloren gehen? Weil sie, schon bevor sie die Frage stellen, zu wissen glauben, wie die Antwort lauten wird. Wenn Sie fragen: „Na, war der Urlaub schön?", haben Sie das Bild eines schönen Urlaubs im Kopf. Und mit Ihrer geschlossenen Ja / Nein-Frage möchten Sie sich einfach nur bestätigen lassen, dass Ihr Bild richtig ist.

In Verhandlungen ist das sehr gefährlich. Denn viele Dinge, die wichtig sind, kommen so nie zur Sprache.

Geschlossene Fragen haben aber natürlich auch ihren Sinn – und zwar am Ende eines Gesprächs. Jetzt haben Sie ja schon alle Informationen, die Sie brauchen. Sie wollen nicht ständig noch mehr Informationen abfischen. Stattdessen geht es Ihnen jetzt darum, ein Ergebnis festzuhalten und Ihren Gesprächspartner darauf festzulegen. Das geht mit geschlossenen Fragen. Zum Beispiel: „Ist es okay, wenn wir es so machen?" Eine geschlossene Frage bringt also Klarheit über Absprachen und Ergebnisse.

Fragen können auch manipulativ sein. „Sie wollen doch sicher auch eine hervorragende Qualität zu einem möglichst günstigen Preis?" oder „Sie wollen doch sicher nicht mit den Kosten alleingelassen werden, wenn Ihr Auto einen Totalschaden hat?". Diese sogenannten Suggestivfragen tragen die Antwort, die der Fragesteller hören möchte, schon in sich. Ihr Gegenüber müsste an und für sich auf jeden Fall Ja sagen. Und genau hier liegt das Problem. Menschen lassen sich nicht gerne fremdbestimmen. Gerade weil Suggestivfragen manipulativ sind, werden viele Menschen aus dem Gespräch flüchten, wenn Sie solche Fragen stellen, oder eine Kontra-Haltung einnehmen.

Suggestivfragen

Auch Alternativfragen können ein kleines bisschen manipulativ sein. „Interessieren Sie sich für das Standardpaket oder unser Premium-Modell mit fünfjährigem Wartungsvertrag?" Mit dieser Frage gibt der Fragesteller zwei Optionen zur Auswahl – aber eine lässt er ganz bewusst weg. Nämlich die, dass sein Gegenüber weder das Standardpaket noch das Premium-Modell haben möchte. Und weil der Fragesteller diese dritte Option ausblendet (er will ja verkaufen!), wird sich sein Gegenüber gedanklich auf die beiden Optionen konzentrieren, die ihm angeboten wurden, und zwischen diesen beiden auswählen. Mit Alternativfragen unterschlagen Sie also die Option, die Ihnen am wenigsten ins Konzept passt.

Alternativfragen

Alternativfragen geben Ihrem Gegenüber aber vor allem das Recht, zu entscheiden (oder zumindest die Illusion einer Entscheidung), und verhindern damit eine Trotzreaktion. Wenn Ihre vierjährige Tochter das Mittagessen nicht mag, könnten Sie natürlich mit einer Forderung auftrumpfen: „Jetzt iss endlich deinen Blumenkohl und die Fischstäbchen und spiel nicht damit rum!" Aber diese Forderung macht eine Trotzreaktion sehr wahrscheinlich und Sie kommen Ihrem Ziel damit nicht näher. Wie wäre es stattdessen mit folgender Alternativfrage: „Was magst du zuerst essen? Die Fischstäbchen oder den Blumenkohl?" Mit dieser Frage geben Sie Ihrer Tochter die Illusion einer Entscheidung – und machen sich das Leben leichter. Diese Technik wirkt übrigens auch sehr gut bei höheren Führungskräften und Managern. Geben Sie Ihrem Gegenüber gerade auf dieser Ebene immer Optionen und die Freiheit zu entscheiden.

Übrigens: Die Option, die Sie als Letztes nennen, wirkt bei Alternativfragen stärker. Würde man 1000 Menschen fragen: „Willst du Tee oder Kaffee?", dann würden sich deutlich mehr von ihnen für den Kaffee entscheiden, als wenn wir die Frage umdrehen würden: „Willst du Kaffee oder Tee?" Gerade wenn Menschen unentschlossen sind, entscheiden sie sich tendenziell für die Option, die sie zuletzt gehört haben. Und das können Sie für sich nutzen, indem Sie die Optionen, die Sie vorschlagen, in die richtige Reihenfolge bringen.

Auch mit hypothetischen Fragen können Sie Ihr Gegenüber ein Stück weit lenken. Nehmen wir an, Sie wollen Ihre Chefin dazu bekommen, eine neue Software einzuführen. Deshalb fragen Sie sie: „Stellen Sie sich vor, wir würden die neue Software einführen. An welchen Stellen würde das denn zu einfacheren Prozessabläufen führen?" Hypothetische Fragen entführen Ihr Gegenüber in eine Wunschwelt, die es sich selbst ausmalen darf. Dadurch, dass alles rein hypothetisch bleibt, umschiffen Sie die Untiefe eines vorschnellen „Nein, wir brauchen keine neue Software!". Sie bringen Ihren Gesprächspartner dazu, sich Gedanken über

Hypothetische Fragen

etwas zu machen, ohne dass er sich dadurch festlegen muss. Wenn Ihre Chefin nun all die Stellen aufzählt, wo sich durch die Software Prozessabläufe vereinfachen lassen, dann wird sie sich gleichzeitig selbst Gründe dafür geben, warum es sinnvoll sein könnte, die neue Software einzuführen. Und das, obwohl ihr erster Reflex war, dass eine neue Software sowieso nicht infrage kommt.

Nicht die schlechteste Art einer Frage ist übrigens das Schweigen. Ihr Gesprächspartner sagt etwas und Sie schauen ihn einfach an und sagen nichts. Damit geben Sie ihm das Gefühl, dass seine Antwort Ihnen offenbar nicht ausreicht. Oft wird er nun noch mal zusätzliche Informationen nachschieben, die er eigentlich für sich behalten wollte. Oder er wird ein Angebot, das er gemacht hat, nachbessern.

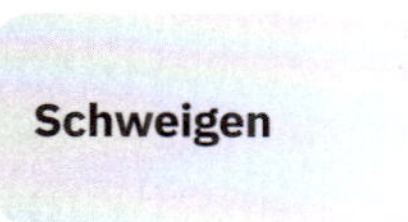

Eine „Zauberfrage" möchte ich Ihnen als Letztes noch mit auf den Weg geben. Benutzen Sie sie immer dann, wenn Gespräche oder Verhandlungen festgefahren sind. Sie lautet: „Wie bekommen wir die Kuh jetzt zusammen vom Eis?" Mit dieser Frage stellen Sie das Problem, vor dem Sie stehen, als ein gemeinsames Problem dar und laden Ihr Gegenüber ein, Vorschläge zu machen. Durch diese einfache Frage werden Sie und Ihr Gegenüber zu Partnern, die eine Herausforderung gemeinsam lösen möchten. Sie kommen damit deutlich weiter, als wenn Sie Ihrem Gesprächspartner Argumente um die Ohren hauen und ihn dabei mit einem Blick anschauen, als ob *er* das eigentliche Problem wäre.

Nun haben Sie eine ganze Reihe von Fragearten kennengelernt und wissen, wann Sie welche Frage anwenden können. Sie beherrschen jetzt alle Manöver, die Sie brauchen, um mit durchsetzungsstarken Fragen in See zu stechen.

Auf den Punkt gebracht:

- Offene Fragen sind am Anfang eines Gespräches sinnvoll, denn mit ihnen sammeln Sie besonders viele Informationen.
- Fragen, die mit „Wieso“, „Weshalb“ oder „Warum“ beginnen, können kritisch sein, denn sie bringen Ihr Gegenüber unter Umständen in eine Rechtfertigungshaltung.
- Geschlossene Fragen sind gegen Ende eines Gesprächs sinnvoll, denn sie legen Ihr Gegenüber fest und verschaffen Ihnen Klarheit.
- Suggestivfragen sind manipulativ und können Widerstand und eine Trotzreaktion auslösen.
- Alternativfragen verhindern Trotzreaktionen, denn Sie geben Ihrem Gesprächspartner damit Wahlmöglichkeiten.
- Hypothetische Fragen sind gut geeignet, um Blockadehaltungen aufzulösen, denn Sie führen Ihren Gesprächspartner am Nein vorbei und in eine Wunschwelt, die er sich selbst ausmalen darf.
- Schweigen kann auch eine Frage sein und veranlasst Personen oft dazu, zusätzliche Informationen preiszugeben oder Angebote nachzubessern.
- Wenn gar nichts mehr geht, hilft oft die Zauberfrage: „Wie bekommen wir die Kuh jetzt zusammen vom Eis?“

Argumentieren in Vieraugengesprächen

Sie haben – wie im letzten Unterkapitel besprochen – mit Ihren Fragen den Kurs bestimmt und damit die Entscheidung bestmöglich vorbereitet. Nun geht es darum, dass Sie mit guten Argumenten Segel setzen, um Fahrt aufzunehmen und Ihren Zielhafen zu erreichen.

Aber wie argumentiert man eigentlich? Wie setzen Sie mit Argumenten die Segel und nehmen Fahrt auf? Ein Segel besteht immer aus mindestens zwei Teilen. Zum einen aus einem Stück Holz oder Metall, an dem das Segel fixiert ist und das es aufspannt – einer sogenannten Rahe. Zum anderen aus dem Segeltuch. So ähnlich ist es auch bei Argumenten. Auch sie bestehen aus mindestens zwei Teilen, und zwar aus einer Behauptung und einer Begründung beziehungsweise Erläuterung.

Behauptung und Begründung

Stellen Sie sich vor, Sie sagen zu einem Kollegen oder Ihrer Chefin: „Wir brauchen hier im Büro wirklich dringend einen neuen Drucker." Ist das schon ein Argument? Nein, es ist nur der erste Teil eines Arguments, nämlich die Behauptung. Wenn Sie Ihren Satz so stehen lassen, ist das so, als hätten Sie die Rahe zwar nach oben gezogen, aber eben das Segel noch nicht entfaltet und in den Wind gebracht. Erst wenn Sie der Behauptung eine Begründung oder Erläuterung folgen lassen, entfaltet sich das Segel. Erst dann wird aus Ihrer Behauptung ein Argument. Eine Begründung zur oben stehenden Behauptung wäre zum Beispiel: „Die Kartuschen für unseren alten Drucker sind inzwischen so teuer, dass sich ein neuer Drucker schon nach einem Jahr amortisiert hätte und wir im zweiten Jahr richtig Geld sparen könnten." Ein Argument besteht also mindestens aus einer klar formulierten Behauptung und einer möglichst guten Begründung oder Erläuterung.

Oft reichen kurze Begründungen vollkommen aus. Aber wenn es um etwas Wichtiges geht, darf die Begründung auch einmal fünf oder sechs oder noch mehr Sätze umfassen. In einem größeren Segel fängt sich ja auch mehr Wind als in einem kleinen. Durchsetzungsschwache Personen, denen es zuwider ist, auch verbal Raum einzunehmen, sind beim Argumentieren allerdings oft sehr kurz angebunden. Oft formulieren sie nur ihre Behauptung und hissen damit eine Rahe – aber weil das Segeltuch (das heißt die Begründung) fehlt, nehmen sie keine Fahrt auf.

Manchmal – bei vielen kleinen Dingen des Alltags – muss die Begründung noch nicht einmal besonders gut sein. Wichtig ist nur, dass es sie überhaupt gibt. Die Psychologin Ellen Langer hat dazu 1977 ein aufsehenerregendes Experiment durchgeführt. In diesem Experiment ging es darum, dass Versuchspersonen andere davon überzeugen sollten, sie in einer Schlange, die sich vor einem Kopierer in einer öffentlichen Bibliothek gebildet hatte, vorzulassen. Ein Teil der Versuchspersonen sollte dabei ohne Begründung darum bitten, vorgelassen zu werden. „Entschuldigung, ich habe fünf Seiten zu kopieren. Darf ich bitte vor?“ Ein anderer Teil der Versuchspersonen sollte die gleiche Frage anders formulieren und dabei das Wort „weil“ benutzen, also einen Grund angeben. „Entschuldigung, ich habe fünf Seiten zu kopieren. Darf ich bitte vor, weil ich Kopien machen muss?“ Tatsächlich wurden im ersten Fall (ohne Begründung) nur 60 Prozent der Versuchspersonen vorgelassen. Im zweiten Fall (mit Begründung) aber 93 Prozent.

Begründungen provozieren Zustimmungsreflex

Kann es an der Qualität der Begründung liegen, dass die Versuchspersonen im zweiten Fall erfolgreicher waren? Wohl eher nicht! „... weil ich Kopien machen muss“ ist gar keine echte Begründung – und ganz sicher keine gute –, wenn beide Gesprächspartner vor einem Kopierer stehen. Denn schließlich steht man ja selten am Kopierer, um sich darin ein Sandwich zu toasten oder einen Kaffee daraus zu ziehen. Alle, die vor dem Kopierer in der Schlange stehen, wollen Kopien machen.

Aber nachdem es keine große Sache ist, jemanden für fünf Kopien vorzulassen, machten sich in diesem Versuch die Menschen in der Schlange offensichtlich nicht die Mühe, diese Scheinbegründung auf Stichhaltigkeit zu prüfen. Allein das Signalwort „weil“ genügte ihnen, um anzunehmen, dass es einen guten Grund gab. Das Wort „weil“ war hier sozusagen eine Denkabkürzung. Sobald wir das Zauberwort „weil“ hören und es um nichts wirklich Wichtiges geht, nimmt unser Gehirn eine Abkürzung, spart sich den Aufwand, die Begründung im Detail zu überprüfen, und sagt einfach Ja. Bei vielen kleinen Dingen des Alltags kann es also passieren, dass eine Behauptung, gefolgt von einer kurzen Begründung, die Sie mit „weil“ einleiten, schon zum Ziel führt.

Aber wenn es einmal um wichtige Fragen geht, bei denen Ihre Gesprächspartner klare Positionen haben, werden Sie nicht ganz so billig davonkommen. Dann müssen Sie sich mit Ihren Argumenten mehr Mühe geben. Gleich werden wir uns damit beschäftigen, wie Sie das am besten anstellen.

Gestatten Sie mir aber noch eine weitere kleine Vorbemerkung: Argumentieren verbinden wir in der Regel mit Rationalität und Logik. Aber das entspricht nur zur Hälfte der Wahrheit. Wie Menschen auf eine Argumentation reagieren, hängt nicht in erster Linie davon ab, ob das Argument logisch und richtig ist. In einem viel größeren Maß kommt es darauf an, wie sich das Argument anfühlt, welche Emotionen sich damit verbinden, welche Voranahmen und vorgefertigten Einstellungen wir im Kopf haben, wenn wir es anhören. Wenn wir einem Argument zustimmen, dann ist unsere Entscheidung zuerst immer eine emotionale Entscheidung, die dann in einem zweiten Schritt rationalisiert und logisch begründet wird.

Emotionen und Argumente

Das bedeutet für Sie, dass Sie mit den im letzten Unterkapitel besprochenen Fragetechniken, die Sie immer einsetzen sollten, bevor Sie argumentieren, auf einem guten Weg sind. Denn Fragen signalisieren, dass Sie die Position des anderen verstehen wollen. Menschen sind aber nur dann bereit, sich auf die Argumente eines Gesprächspartners einzulassen, wenn dieser Gesprächspartner auch Interesse an und Verständnis für ihre Argumente zeigt. Achten Sie deshalb auf Ihre Stimme und Körperhaltung, und sorgen Sie dafür, dass Argumentieren nicht zum Schlagabtausch wird. Denn sobald das geschieht, haben Sie Ihre Chance, den anderen zu überzeugen, verspielt. Und überreden können Sie ihn nicht.

Erst fragen, dann argumentieren

Wiederholen Sie deshalb in Diskussion, die heißzulaufen drohen, immer wieder einmal in eigenen Worten, wie Sie das letzte Argument Ihres Gegenübers verstanden haben. Bringen Sie Ihr Verständnis für die Positionen Ihres Gegenübers zum Ausdruck, ohne diesen Positionen inhaltlich zuzustimmen. Und zeigen Sie

Interesse, indem Sie weitere Fragen stellen. Das Verständnis, das Sie für Ihr Gegenüber aufbringen, ist die Basis dafür, dass Ihr Gegenüber wiederum bereit ist, Sie zu verstehen. Und nur wenn Ihre Argumente verstanden werden, können sie überzeugen.

Effektive Argumente bestehen aus vier Teilen

Wie schaffen Sie es nun, effektive Argumente zu konstruieren? Sie haben gerade gelernt, dass ein Argument mindestens aus einer Behauptung und einer Begründung besteht. Ich schlage vor, dass Sie noch einen dritten Teil, nämlich ein Beispiel, eine Analogie oder eine kurze Geschichte, und einen vierten Teil, den sogenannten Zwecksatz, hinzufügen sollten.

Sie fragen sich, warum Sie das tun sollten? Wir haben gerade gesehen, wie wichtig Emotionen für Ihre Argumente sind. Beispiele, Analogien und kurze Geschichten sind emotional. Und sie sind Klebstoff, der eine rationale Begründung (die sonst schnell vergessen wäre) fest im Hirn unseres Gegenübers verankert. Der sowjetische Diktator Stalin hat das einmal sehr zynisch auf den Punkt gebracht. „Ein Toter: Das ist eine maßlose Tragödie. Eine Million Tote: Das ist nichts als Statistik." Das einzelne Beispiel oder Schicksal merken wir uns, weil es konkret ist, ein Gesicht und eine Geschichte hat. Rationale Gründe wie Zahlen, Daten und Fakten sind wichtig, aber wir vergessen sie schnell, weil sie meist nicht vorstellbar sind, weil sie uns nicht emotional berühren und weil ihnen ein Gesicht fehlt.

Abschließend macht der sogenannte Zwecksatz noch einmal deutlich, was aus Ihrem Argument folgt. Er beschreibt, was die Quintessenz dessen ist, was Sie gesagt haben. Manchmal ist er mit der Behauptung identisch, die dann am Ende der Argumentation einfach noch einmal wiederholt wird. Oft enthält er aber auch eine Handlungsaufforderung. Natürlich kann sich Ihr Gegenüber den Zwecksatz auch selbst erschließen. Aber stärker wirkt es, wenn Sie diesen Part übernehmen. Denn das, was Sie zuletzt sagen, bleibt in Erinnerung. Und nur was Sie präzise aussprechen, wird die gewünschte Wirkung entfalten. Begnügen Sie sich nicht damit, nur anzudeuten, was aus Ihrer Argumentation folgt, was Sie bei Ihrem

Gegenüber bezwecken möchten oder was Ihr Gegenüber anerkennen oder tun soll. Sprechen Sie es als letzten Schritt Ihrer Argumentation knapp, klar und direkt aus.

Hier ein Beispiel, wie sich eine solche Argumentation in vier Schritten anhört.

Behauptung: „Du, Burger mit Pommes sind auf die Dauer ungesund."

Begründung / Erläuterung: „Zu einem gesunden Essen gehören Vitamine, Mikronährstoffe und Ballaststoffe. Aber von diesen Dingen ist in Burgern mit Pommes praktisch nichts drin. Dafür aber eine ganze Menge von dem, was uns krank macht, wie zu viel Fett, Salz, Zucker, Geschmacksverstärker – und natürlich ziemlich viele Kalorien. Und zu viele Kalorien führen zu Übergewicht und Herz-Kreislauf-Erkrankungen."

Beispiel / Illustration: „Weißt du noch, wie wir letztes Jahr in den USA waren und da in einem Burger-Restaurant gelandet sind? Die Leute dort sahen so aus, als würden die jeden Tag dort essen – und der Leichteste von denen war sicher doppelt so schwer wie du oder ich. Gesund sahen die jedenfalls nicht aus."

Zwecksatz: „Deswegen lass uns doch heute mal auf den Burger und die Pommes verzichten und was Gesundes mit Gemüse kochen."

Das Ganze muss nicht am Stück und als Monolog vorgetragen werden. Das Schöne an dieser Standardform eines Arguments in vier Teilen ist, dass Zwischenbemerkungen des Gegenübers immer möglich sind und die Argumentation trotzdem gut funktioniert.

Nun haben Sie das Modell. Betrachten wir nun die einzelnen Teile noch einmal im Detail. Wie gehen Sie konkret vor, wenn Sie die Zeit haben, ein Argument vorzubereiten?

Beginnen Sie in der Vorbereitung immer mit dem Zwecksatz. Was möchten Sie erreichen? Was soll der andere tun, denken oder einsehen? Was ist Ihr Ziel? Das ist das Erste, worüber Sie nachdenken sollten. Denn von Ihrem Ziel hängt alles ab (siehe auch Kapitel 3, *Ziel und Bewegung* und 5, *Die eigenen Ziele formulieren*).

Zwecksatz positiv formulieren

Formulieren Sie Ihr Ziel beziehungsweise Ihren Zwecksatz positiv. Wenn Sie einen Kollegen davon überzeugen möchten, morgen etwas früher loszufahren als sonst, dann lautet die positive Formulierung für Ihren Zwecksatz: „Deshalb lass uns doch morgen schon um 6 Uhr in der Frühe losfahren, wenn wir auf den Straßen noch freie Fahrt haben." Eine negative Formulierung ist: „Deshalb lass uns morgen bitte nicht erst wieder um 8 Uhr loskommen, wenn überall Stau ist." Was lösen die beiden Formulierungen in Ihnen aus? Inhaltlich laufen sie ja beide auf das Gleiche hinaus. Während die positive Formulierung uns jedoch gleich ein angenehmes, erstrebenswertes Bild liefert („freie Straßen"), erregt die negative Formulierung Widerstand („im Stau stehen") und fokussiert unsere Aufmerksamkeit auf das, was wir nicht möchten. Und während die negative Formulierung völlig offenlässt, welche Uhrzeit denn eine angemessene Losfahrzeit ist, ist die positive Formulierung konkret, klar und spezifisch. Wann immer Sie eine Verneinung in Ihrem Zwecksatz entdecken, macht es Sinn, darüber nachzudenken, wie sich der gleiche Satz positiv formulieren lässt.

Aus Ihrem Zwecksatz ergibt sich die Behauptung: „Wenn wir morgen erst um 8 Uhr loskommen, werden wir nicht rechtzeitig ankommen."

Ist die Behauptung formuliert, kommen wir mit den Fragen „Warum ist das so?", „Warum ist das gut / schlecht?" zu unserer Begründung/Erläuterung. Eine Begründung könnte lauten: „Um 8 Uhr ist der Berufsverkehr auf unserer Strecke auf dem Höhepunkt und er klingt erst gegen 10 Uhr wieder ab. Der Stau, in dem wir dann stehen, würde uns sicher eine ganze Stunde kosten." Eine darauf aufbauende Erläuterung ist: „Du hast gestern

Begründungen finden

gesagt, dass es dir sehr wichtig ist, pünktlich anzukommen, weil du bei unserem Geschäftspartner einen guten und verlässlichen Eindruck hinterlassen möchtest. Und wenn wir in einen Stau kommen, werden wir unpünktlich sein und keinen guten Eindruck hinterlassen können."

Die Begründungen und Erläuterungen sind der schwierigste Teil einer Argumentation. Wo finden wir passende Begründungen und Erläuterungen? Hier gibt es keine festen Regeln, aber folgende Fragen können helfen, sie zu finden:

- Was ist der Nutzen? Was ist der Schaden? Zum Beispiel hinsichtlich Geld, Wirtschaftlichkeit, Gesundheit, Gesellschaft, Umwelt, Politik und des eigenen Wohlgefühls. Hier ist es besonders wichtig, dass Sie den Nutzen oder Schaden nicht aus Ihrer Perspektive, sondern aus der Perspektive Ihres Gesprächspartners aufzeigen.
- Welche gesellschaftliche oder juristische Norm erfüllen wir, wenn wir es tun? Welche gesellschaftlichen oder juristischen Normen verletzen wir, wenn wir es nicht tun? Eine gesellschaftliche Norm ist beispielsweise, dass etwas „fair", „gerecht" oder „ungerecht" ist. Oder auch, dass man etwas, das sich bewährt hat, nicht unnötig verschlimmbessert.
- Inwiefern dient es einem höheren Ziel (Frieden, Tierwohl, Chancengleichheit in der Bildung etc.) oder entspricht es einem Ideal (mutig sein, wahrhaftig sein etc.)?
- Warum ist es möglich und praktikabel, es zu tun?
- Welche Statistiken, Zahlen, Daten und Fakten stützen die These?
- Welche Autoritäten oder Experten stützen die These?

Reflektieren Sie diese Fragen hinsichtlich Ihrer Behauptung und Ihres Zwecksatzes. Sie werden durch einfaches Brainstorming mit diesen Fragen viele gute Begründungen und Erläuterungen finden.

Wie detailliert sollten Sie diese Begründungen und Erläuterungen für Ihre Argumentation ausformulieren? Und wie viele Begründungen sollten Sie liefern? Das kommt sicher auf die Situation an. Aber eine einfache Regel lautet: Liefern Sie besser wenige, aber gute und überzeugende Gründe, als dass Sie sich in einer Vielzahl von angreifbaren Gründen verlieren. Und vertiefen Sie nur die Gründe ausführlicher, die nicht von sich aus einsichtig und unstrittig sind. Die Gründe, die sich, sobald sie genannt werden, von selbst erklären, müssen Sie nicht wortreich erläutern.

Auch Beispiele und Illustrationen ergeben sich am leichtesten aus einem Brainstorming. Zeichnen Sie Bilder in die Köpfe ihrer Gesprächspartner und Zuhörer und werden Sie konkret. Denn was wir uns visuell vorstellen können, bleibt in unseren Köpfen hängen. Alles, was abstrakt bleibt, vergessen wir leicht.

Beispiele bleiben in Erinnerung

Sie haben nun vom Zwecksatz ausgehend Ihre Argumentation vorbereitet, quasi in umgekehrter Reihenfolge. Tragen Sie sie nun in vier Schritten vor: Behauptung, Begründung, Beispiel, Zwecksatz.

In manchen Fällen kann es allerdings sinnvoll sein, den ersten Schritt – die Behauptung – wegzulassen und direkt mit einem Beispiel einzusteigen. Dann liefern Sie im zweiten Schritt die Begründung und im dritten Schritt den Zwecksatz. Das ist dann sinnvoll, wenn Sie davon ausgehen können, dass Sie mit Ihrer Behauptung sofort Widerstand und eine Gegenargumentation auslösen würden.

Argumentieren bei absehbarem Widerstand

Stellen Sie sich vor, Sie möchten Ihre Chefin argumentativ davon überzeugen, einen neuen Drucker für das Büro anzuschaffen (wir hatten das Beispiel schon zu Anfang dieses Unterkapitels *Argumentieren in Vieraugengesprächen*). Stellen Sie sich zudem vor, dass Ihre Chefin ein Sparfuchs ist, der neue technische Geräte per se nicht mag und sich normalerweise nur dann zu einem Neukauf durchringt, wenn alte Geräte kaputtgegangen sind. Und außerdem muss die Firma gerade Kosten sparen.

Im obigen Beispiel sind wir mit der Behauptung eingestiegen: „Wir brauchen hier im Büro wirklich dringend einen neuen Drucker." Was, glauben Sie, passiert im Kopf Ihrer technikfeindlichen Chefin, wenn sie als Allererstes diesen Satz hört? Genau: Er löst dort sofort Widerstand aus!

Behauptung löst Abblockreaktion aus

Statt sich auf Ihre nun folgende Begründung einzulassen, ginge bei Ihrer Chefin vermutlich von Anfang an das Rollo herunter. Statt Ihnen zuzuhören, würde sie sich gedanklich damit beschäftigen, warum Sie auf gar keinen Fall einen neuen Drucker haben können – und wie Sie überhaupt in dieser angespannten wirtschaftlichen Lage auf derartig abwegige Ideen kommen. Ihre Begründung könnten Sie also genauso gut der Wand erzählen. Auch die würde sich daraufhin keinen Zentimeter bewegen – genau wie Ihre Chefin.

Behauptung erst weglassen

Ihre Chancen steigen allerdings, wenn Sie die Behauptung einfach weglassen und direkt mit einem Beispiel einsteigen. Dann kommen Begründung und Zwecksatz.

1. „Frau Schmidt, ich habe gerade versucht, neue Tonerkartuschen für unseren Drucker zu bestellen. Die werden inzwischen gar nicht mehr hergestellt – und die wenigen, die noch auf Lager sind, werden vollkommen überteuert verkauft. Da müssen wir sozusagen einen Oldtimer-Aufschlag zahlen. Das Geld, das wir jetzt ausgeben müssten, um die Kartuschen für die nächsten eineinhalb Jahre zu kaufen, würde schon fast für einen neuen Drucker mit Kartusche langen."
2. Begründung: „Weiter alte Kartuschen zu bestellen, ist deshalb mittelfristig einfach nicht wirtschaftlich."
3. Zwecksatz: „Deswegen bitte ich Sie: Lassen Sie uns jetzt einen neuen Drucker anschaffen."

Mit dieser neuen Reihenfolge lösen Sie nicht sofort Widerstand aus. Auf Beispiele, Analogien und kurze Geschichten lassen sich die allermeisten Menschen ein. Vor dem Hintergrund des Beispiels wirkt dann die nachfolgende Erklärung umso plausibler. Erst am

Schluss kommt der Zwecksatz / die Forderung – und zwar ohne reflexartige Abwehrreaktionen zu provozieren.

Auf den Punkt gebracht:

- Eine Argumentation besteht mindestens aus einer Behauptung / These und einer Begründung / Erläuterung. Wer nur die Behauptung formuliert, ohne eine Begründung zu liefern, nimmt keine Fahrt auf.
- Im Idealfall besteht eine Argumentation aus 1.) einer Behauptung, 2.) einer Begründung / Erläuterung, 3.) einem Beispiel / einer Illustration und 4.) einem Zwecksatz.
- Wenn Sie eine Argumentation vorbereiten, dann beginnen Sie immer mit dem Formulieren des Zwecksatzes. Der Zwecksatz ergibt sich aus der Frage: Was ist mein Ziel? Was soll der andere denken, anerkennen oder tun?
- Formulieren Sie Ihren Zwecksatz positiv.
- Finden Sie logische und rationale Begründungen. Werden Sie dabei aber nicht zu langatmig. Machen Sie den Nutzen für Ihr Gegenüber deutlich.
- Benutzen Sie Beispiele, die sich Ihr Gegenüber bildhaft vorstellen kann, denn was wir uns (oder unseren Gesprächspartnern) visuell ausmalen, bleibt hängen.
- Wenn Sie reflexartigen Widerstand erwarten, dann verändern Sie die Reihenfolge Ihres Argumentationsaufbaus. Lassen Sie die Behauptung weg. Starten Sie mit einem Beispiel, einer Analogie oder Geschichte. Liefern Sie dann die Begründung und schließen Sie mit dem Zwecksatz ab.

Kritik äußern und Verhaltensänderungen anstoßen

Eine durchsetzungsstarke Person sagt, wenn ihr etwas nicht passt. Und zwar frühzeitig, noch lange bevor das Fass überzulaufen droht. Freundlich im Tonfall, aber bestimmt in der Sache. Im besten Fall erreicht eine solche durchsetzungsstarke Person damit eine Verhaltensänderung bei ihrem Gegenüber. Doch selbst wenn diese Verhaltensänderung ausbleibt, weiß sie, wie sie das zu nehmen hat. Denn im Grunde ist die Sache ganz einfach. Niemand kann eine Verhaltensänderung bei seinem Gegenüber erzwingen.

Uns bleiben immer drei Optionen: *Love it, change it or leave it.* Im besten Fall mögen wir es oder können es zumindest akzeptieren, dass jemand sich anders verhält, als wir das gerne hätten *(love it)*. Wir können weiter auf diese Person einwirken, dass sie sich unserer eigenen Ansicht stärker annähert *(change it)*, allerdings ohne Garantie, dass dies zum Erfolg führt. Wir können aber auch Abstand zwischen uns und diese Person bringen oder uns klar abgrenzen *(leave it)*. Wir müssen uns also für eine der drei Optionen entscheiden – mehr als diese drei gibt es nicht. Aber wir sollten kein Drama daraus machen.

Love it, change it or leave it

Aschenputtel dagegen frisst es in sich hinein, wenn andere etwas tun, was ihr nicht gefällt. Konflikte mag Aschenputtel nicht, deshalb sagt sie lange Zeit gar nichts und erträgt die Situation. Bis es nicht mehr geht. Dann, anders als im Märchen, explodiert das moderne Aschenputtel. Aggressiv im Tonfall und unstrukturiert in der Sache schlägt sie ihrem Gegenüber nun um die Ohren, was in den letzten Jahren alles vorgefallen ist. Jetzt ist der Konflikt da, den Aschenputtel so lange vermeiden wollte. Verbale Angriffe, Anschuldigungen und ein aggressiver Tonfall führen selten dazu, dass Menschen ihr Verhalten ändern. Vielmehr führt dieses Verhalten zu Gegenangriffen, Unsachlichkeit und dauerhaft zerrütteten Beziehungen. Aschenputtel macht ein Drama aus solchen Situationen, weil es solche Situationen als Drama erlebt.

Der erste Schritt, um durchsetzungsstark Feedback zu geben oder Kritik zu äußern, ist also wieder einmal ein geistiger. Ich muss mich explizit dafür entscheiden, ihn zu gehen. Frühzeitig und noch bevor eine emotional aufgeheizte Stimmung dem aggressiven Autopiloten die Steuerung des Gesprächs überlässt.

Ist diese Entscheidung einmal gefallen, haben Sie das Schwierigste hinter sich. Denn es gibt eine einfache Gesprächsformel, die Ihnen dabei hilft, Kritik so zu formulieren, dass kein Porzellan zerschlagen wird. Eine Struktur, die Sie einüben und verinnerlichen können, damit das Ansprechen von kritischen Themen Ihnen in Zukunft kein Kopfzerbrechen mehr bereitet. Diese Struktur heißt: SAG ES! Sie ist so weit verbreitet, dass sich (nach meinen Recherchen) nicht mehr sagen lässt, von wem diese Technik ursprünglich stammt. Aber das Wichtigste ist, dass die Struktur funktioniert. SAG ES steht für:

„SAG ES" hilft, kein Porzellan zu zerschlagen

- **S**ichtweise schildern
- **A**uswirkungen beschreiben
- **G**efühl benennen
- **E**rfragen, wie es der andere sieht
- **S**chlussfolgerung ziehen

Was bedeutet es, die eigene Sicht auf die Situation zu schildern, und warum sollten Sie das Gespräch damit beginnen? Weil Sie nicht im Besitz letzter und allerhöchster Weisheit sind, sondern nur von Ihren eigenen Eindrücken sprechen können, und weil es nicht gut für den Gesprächsverlauf wäre, wenn Sie so tun würden, als ob Sie doch allwissend wären. Sie haben etwas beobachtet oder bemerkt. Zum Beispiel dass Ihr Gegenüber nun zum dritten Mal in Folge zu spät gekommen ist. Sie wissen aber nicht, warum das so ist.

Sichtweise schildern

Trotzdem erlebe ich es regelmäßig, dass Menschen das Gespräch nicht mit ihrer Sichtweise oder mit ihren Beobachtungen beginnen, sondern mit ihrer Interpretation des Beobachteten, mit Bewertungen und mit Anschuldigungen. Das hört sich dann in etwa so an: „Immer kommst du zu spät. Dir liegt nicht das Geringste an mir und unserem Projekt, das wegen deiner Schludrigkeit den Bach runtergeht!“ Wer so etwas sagt, vergisst, dass seine Beobachtung (das wiederholte Zuspätkommen) eben nur eine Beobachtung ist und seine Interpretation („Dir liegt nicht das Geringste an mir!“) unter Umständen völlig falsch sein kann. Denn möglicherweise hat unser Gegenüber ja gute Gründe für sein Zuspätkommen (zum Beispiel kranke Angehörige), von denen wir nichts wissen, oder wir selbst haben eine Terminverschiebung nicht mitbekommen.

Wenn Sie sich im Zusammenleben mit anderen Menschen auf dem kürzesten Weg unglücklich machen möchten, dann empfehle ich Ihnen, von Beobachtungen sofort zu Interpretationen zu springen und diese zu behandeln, als ob sie Tatsachen wären. Und, nicht vergessen!, bei der Kritik statt der Sache, um die es geht, immer die Unzulänglichkeiten des Gegenübers in den Mittelpunkt zu stellen („Du bist unzuverlässig / nachlässig / nicht vertrauenswürdig!“). Falls Ihnen aber etwas an guten zwischenmenschlichen Beziehungen liegt, dann starten Sie Gespräche mit einer neutralen Schilderung Ihrer Wahrnehmung – und zwar ohne Anschuldigungen und Interpretationen. „Du, soweit ich weiß, waren wir heute um zehn Uhr verabredet, und du warst erst um Viertel nach zehn da. Letzte Woche ist das auch schon zweimal passiert.“ Das ist sachlich und verhindert, dass das Gespräch gleich am Anfang eskaliert. Sätze, die Ihnen dabei helfen, Ihre Sichtweise zu schildern, sind:

- Ich habe gesehen, dass …
- Mir ist aufgefallen, dass …
- Ich bin von XY darauf angesprochen worden, dass …

Auswirkungen beschreiben

Damit kommen wir zum zweiten Punkt: Auswirkungen beschreiben. Sagen Sie, was daraus folgt, dass Ihr Gegenüber sich so verhalten hat. Seien Sie sich bewusst, dass Ihr Gegenüber seine Handlungen unter Umständen nicht für problematisch hält. In manchen Kulturen ist es zum Beispiel ganz normal und gar nicht unhöflich, 15 Minuten zu spät zu kommen. Möglicherweise wird Ihr Gegenüber erst verstehen, dass es ein Problem gibt, wenn Sie die Auswirkungen beschreiben. Wie könnte sich das nun anhören? Zum Beispiel so: „Das hat für mich bedeutet, dass wir uns vor dem wichtigen Gespräch mit Herrn Mayer nicht mehr absprechen konnten und wir unvorbereitet und unkoordiniert in das Gespräch gegangen sind. Aus meiner Sicht war das einer der wichtigsten Gründe dafür, dass das Projekt mit Herrn Mayer dann auch geplatzt ist."

Der dritte Schritt besteht darin, das Gefühl zu benennen, dass dadurch in Ihnen ausgelöst wurde. Sie müssen daraus keine große Sache machen und Ihr tiefstes Innerstes nach außen kehren. Dieser Schritt kann kurz und knapp ausfallen. Etwa: „Das hat mich geärgert."

Gefühl benennen

Warum sollten Sie Ihre Gefühle transparent machen? Weil niemand Ihnen absprechen kann, was Sie fühlen. Gegen Ihre Darstellungen des Sachverhalts oder der Auswirkungen kann Ihr Gegenüber argumentieren. Nicht aber dagegen, dass Sie etwas Bestimmtes fühlen. Zudem lädt es andere zum Mitfühlen, zu Empathie ein, wenn wir über unsere Gefühle sprechen. Ein Angriff oder eine harte Forderung würde dagegen einen ganz anderen Reflex auslösen. Nämlich den Reflex, dagegenzuhalten und sich zu rechtfertigen.

Indem Sie Ihr Gefühl ansprechen, bereiten Sie den vierten Schritt vor. Der besteht darin, zu erfragen, wie es der andere sieht. Hier geben Sie Ihrem Gegenüber die Gelegenheit, seine Sicht der Situation darzustellen und Informationen zu liefern, die Sie noch nicht hatten. Vielleicht gibt es ja tatsächlich gute Gründe für das Verhalten Ihres Gesprächspartners. Hören Sie aktiv zu, was Ihr Gegenüber zu sagen hat. Hören Sie zu, um zu verstehen, nicht, um dann sofort selbst wieder zu reden und dagegen zu argumentieren. Kritik wird in der Regel angenommen, wenn Sie aus einer Haltung des Verstehenwollens und des „Du bist okay, ich bin okay" heraus geäußert

Fragen, wie es der andere sieht

wird. Sie wird nicht angenommen, wenn sie von oben herab geäußert wird.

Den fünften und letzten Schritt gehen Sie zusammen mit Ihrem Gegenüber. Sie ziehen gemeinsam eine Schlussfolgerung. Diesen Schritt halte ich für die zentrale Stärke des SAG-ES-Modells, denn Sie fordern nicht einfach etwas von Ihrem Gesprächspartner (was eventuell reflexartig vorgetragene Gegenargumente provozieren würde), sondern Sie finden gemeinsam eine Lösung. Diese Phase könnten Sie zum Beispiel mit dem Satz einleiten: „Wie bekommen wir das in Zukunft zusammen hin?", oder mit der Zauberfrage: „Wie bekommen wir jetzt gemeinsam die Kuh vom Eis?"

Schlussfolgerung ziehen

Wenn von Ihrem Gegenüber hier keine adäquaten Vorschläge kommen, dürfen Sie durchaus Wünsche äußern. „Ich wünsche mir, dass wir in Zukunft beide bei Verabredungen pünktlich sind und dass du mir bitte telefonisch Bescheid gibst, wenn du es aus irgendwelchen Gründen doch nicht pünktlich schaffst. Ist das okay?"

Wichtig ist, dass die Lösung eine gemeinsame sein soll – und kein Ultimatum, das Sie dem anderen vor die Nase setzen. Denn niemand lässt sich gerne auf ein Ultimatum ein.

Auf diese Weise können Sie Kritik und Feedback äußern, ohne die Beziehung zu Ihrem Gegenüber zu belasten. Achten Sie nur darauf, dass Sie Kritik und Feedback immer auf Verhalten beziehen, niemals auf die Person selbst. Verhalten ist immer beobachtbar und hat zu einem bestimmten Zeitpunkt an einem bestimmten Ort stattgefunden. Kritik und Feedback zur Person an sich („Du kannst das einfach nicht!"; „Du bist so ungeschickt und langsam!") sind immer kontraproduktiv. Wer sich als Person angegriffen fühlt, wird sich rechtfertigen und in eine Kontra-Haltung gehen. Immer!

Feedback nur auf Verhalten beziehen

Aber was ist, wenn man Sie kritisiert? Die wenigsten Leute mögen es, kritisiert zu werden, und betrachten Feedback lediglich als ein etwas freundlicher klingendes Wort für Kritik. Warum ist das eigentlich so?

Wenn uns gegenüber Kritik ausgesprochen wird, erleiden wir keine physischen Schmerzen und uns wird nichts weggenommen. Aber wir erleiden psychische Schmerzen, weil wir erleben, dass unser Selbstbild und unser Fremdbild offensichtlich auseinanderklaffen. Das ist für die meisten Menschen schwer zu ertragen, weil es unser Selbstwertgefühl trifft. Menschen verteidigen ihr Selbstwertgefühl mit Zähnen und Klauen, wenn sie das Gefühl haben, dass es angegriffen wird. Deshalb ist es auch so wichtig, immer Verhalten zu kritisieren und niemals die Identität, das Selbst, die Person an sich. Wird ein Verhalten kritisiert, dann realisieren die meisten Menschen (im Optimalfall), dass nicht sie als Person schlechtgemacht werden, sondern dass es nur darum geht, dass sie eine bestimmte Sache anders handhaben sollen. Damit diese Unterscheidung gelingen kann, ist ein gewisses Selbstmanagement erforderlich. Nicht jeder schafft das, denn es ist ein relativ kleiner Schritt, aus einer Kritik in der Sache eine Kritik an der eigenen Person an und für sich herauszulesen.

Es lohnt sich, hier noch einmal eine andere Perspektive einzunehmen. Ein Kollege, mit dem ich einmal in einem Projekt zusammengearbeitet habe, hatte damals die Angewohnheit, in jedem Satz mehrmals das Wort „irgendwie" unterzubringen. Das klang dann in etwa so: „Du, Florian, irgendwie ist mir der Dienstleister irgendwie zu teuer, und wir müssen irgendwie schauen, dass wir da irgendwie einen günstigeren bekommen, irgendwie." Ich habe meinen Kollegen niemals darauf angesprochen. Vermutlich spricht er heute noch so. Denn er selbst hat sein seltsames Sprachverhalten niemals bemerkt.

Feedback erhellt blinde Flecke

Dieses „irgendwie" war (und ist es vermutlich immer noch) ein blinder Fleck in seiner Wahrnehmung. Alle um ihn herum registrierten dieses Merkmal seiner Persönlichkeit. Nur er selbst nicht. Feedback hätte ihm die Möglichkeit gegeben, diesen seltsamen Tick abzustellen und in Besprechungen besser zu wirken und souveräner aufzutreten. Dadurch, dass wir Kollegen ihm kein Feedback gegeben haben, haben wir ihm diese Möglichkeit genommen.

Feedback und Kritik sind also zwingend notwendig, wenn wir als Persönlichkeit wachsen wollen. Auch wenn wir Kritik oft als Angriff wahrnehmen: Eigentlich ist sie immer ein Geschenk. Entweder eines, mit dem wir etwas anfangen können, weil es uns hilft, uns zu verbessern und zu der Person zu werden, die wir sein wollen. Oder ein geschmack- und nutzloses Geschenk, weil das Feedback unzutreffend, die Kritik unberechtigt ist. Solche Geschenke räumen oder werfen wir in der Regel weg. Aber auch nutzlose Geschenke kann man mit einem Lächeln auf den Lippen annehmen und sich dafür bedanken, bevor man sie dann unauffällig entsorgt.

Feedback ist immer ein Geschenk

Es gibt also keinen Grund, in Aufregung zu verfallen, wenn Sie kritisiert werden. Ganz im Gegenteil: Nehmen Sie Kritik mit der Ruhe eines Zen-Mönches entgegen und bedanken Sie sich dafür. Und natürlich gibt es auch dafür eine Struktur. Die ZEN-Struktur:

ZEN-Struktur hilft, Kritik zu genießen

- **Z**urücklehnen und zuhören
- **E**rkenntnisse mitnehmen
- **N**achfragen / sich nicht rechtfertigen

Beginnen wir mit dem (Sich)zurücklehnen und Zuhören. Entspannen Sie sich, wenn Sie Feedback erhalten. Denken Sie daran: Jetzt bekommen Sie etwas geschenkt. Vielleicht etwas Gutes. Und falls nicht, dann können Sie das unpassende Geschenk einfach weglegen. Ich kenne genug Menschen, die sofort emotional reagieren, wenn sich Feedback andeutet. Diese Menschen verschließen dann auch augenblicklich ihre Ohren (natürlich nicht im wörtlichen Sinne). Doch wenn sich mein Gehirn daranmacht, Rechtfertigungen und Reaktionen zu erarbeiten und darüber nachzudenken, warum das Feedback unangemessen ist, dann kann es nicht zuhören. Dafür ist es dann zu beschäftigt. Und Zuhören ist auch hier der Schlüssel. Entspannen Sie sich und hören Sie zu.

Sich zurücklehnen und zuhören

Denn nur wenn Sie zuhören, können Sie Erkenntnisse mitnehmen. Überlegen Sie, was Sie diesem Feedback entnehmen können, das Ihnen dabei hilft, als Persönlichkeit zu wachsen.

Erkenntnisse mitnehmen

Möglicherweise gibt es nichts mitzunehmen. Das kann passieren. Aber geben Sie nicht zu früh auf, in diesem Feedback nach Erkenntnissen zu suchen, die Ihnen weiterhelfen. Feedback gibt Ihnen Aufschluss darüber, wie Ihr Verhalten auf den Feedbackgeber (und möglicherweise auch auf andere) wirkt. Und dieses Wissen ist kostbar, weil Sie es nur und ausschließlich über Feedback erwerben können.

Möglicherweise möchten Sie, nachdem Sie das Feedback bis zum Ende angehört haben, etwas klarstellen und erklären. Natürlich dürfen Sie das. Aber Sie sollten sich nicht rechtfertigen, sondern stattdessen nachfragen.

Sich nicht rechtfertigen, nachfragen

Die meisten Menschen fühlen das reflexartige Bedürfnis, sich zu rechtfertigen – aber was haben sie davon? Endlose und fruchtlose Diskussionen! Wer sich rechtfertigt, macht sich klein. Wer über den Dingen steht, muss sich nicht rechtfertigen. Fragen Sie lieber nach. Oft wird Feedback nur durch Fragen im Detail verständlich. Fragen Sie nach konkreten Beispielen und danach, was genau der Feedbackgeber sich von Ihnen wünscht. Oft sind Nachfragen notwendig, damit Sie die richtigen Erkenntnisse mitnehmen können.

Sie müssen auf Feedback nicht sofort reagieren. Bedanken Sie sich für das Feedback, und entscheiden Sie dann ganz für sich, was Sie damit machen. Wenn Sie merken, dass das Feedback Sie innerlich beschäftigt, dann reden Sie mit guten Freunden oder anderen vertrauenswürdigen Personen darüber. Auch diese Personen haben ein Außenbild von Ihnen und können Ihnen helfen, Ihre blinden Flecke zu entdecken und Ihr Außenbild mit Ihrem Innenbild abzugleichen.

Sie werden es nie jedem recht machen können. Zur Durchsetzungsstärke gehört es auch, unberechtigtes Feedback zu ignorieren und aus den eigenen Gedankengängen zu streichen. Es kommt vor, dass die Kritik, die Sie zu hören bekommen, mehr mit dem Feedbackgeber selbst zu tun hat als mit Ihnen. Aber falls es aus dem Feedback Erkenntnisse gab, die Sie mitnehmen konnten, dann lassen Sie es den Feedbackgeber doch auch wissen.

Sich von unberechtigtem Feedback abgrenzen

Wenn Feedback auf diese Weise gegeben und genommen wird, dann belastet es Ihre Beziehungen zu anderen Menschen nicht, sondern stärkt sie sogar. Und es entschärft Konflikte, noch bevor sie sich zuspitzen.

Auf den Punkt gebracht:

- Fressen Sie es nicht in sich hinein, wenn Sie etwas nervt. Geben Sie frühzeitig Feedback. Seien Sie dabei klar, aber freundlich im Ton.
- Benutzen Sie die SAG-ES-Struktur, um Feedback zu äußern.
- Starten Sie damit, Ihre *Sichtweise* zu schildern. Was haben Sie gesehen / beobachtet / wahrgenommen? Äußern Sie keine Interpretationen oder Annahmen (die falsch sein können).
- Beschreiben Sie die *Auswirkungen*. Welcher Schaden resultiert aus dem, was Sie beobachtet haben?
- Beschreiben Sie, welche *Gefühle* das bei Ihnen auslöst. Niemand kann Ihnen absprechen, was Sie fühlen.
- Warten Sie nun die *Erwiderung* Ihres Gegenübers ab und hören Sie zu. Möglicherweise gibt es für den Sachverhalt wichtige Dinge, von denen Sie noch nichts wissen.
- Abschließend ziehen Sie gemeinsam mit Ihrem Gegenüber eine *Schlussfolgerung*. Wie können wir das lösen? Was können wir vereinbaren? Wie bekommen wir die Kuh vom Eis?
- Rechtfertigen Sie sich nicht, wenn Sie kritisches Feedback erhalten. Bedanken Sie sich und fragen Sie im Zweifelsfall nach, um es besser zu verstehen.

Betrachten Sie Feedback immer als Geschenk. Im besten Fall hilft Ihnen dieses Geschenk, etwas über sich zu lernen, was sie noch nicht wussten. Es ermöglicht Ihnen, als Persönlichkeit zu wachsen. Falls nicht, können Sie es – wie ein gut gemeintes, aber unpassendes Geschenk – einfach unauffällig entsorgen.

Auf verbale Angriffe reagieren

Stellen Sie sich vor, Sie besprechen ein Thema mit Kollegen – und plötzlich schleudert Ihnen einer dieser Kollegen so etwas entgegen wie: „Da kannst du doch gar nicht mitreden. Du hast doch gar nicht studiert!" Oder: „Ich sehe, das hier ist wirklich nicht dein Ding. Um das beurteilen zu können, fehlt dir einfach das Fachwissen!"

Zugegeben: Besonders oft kommen solche frontalen Angriffe nicht vor. Aber wenn sie vorkommen, sind wir oft sprachlos und machtlos. Das fühlt sich furchtbar an. Uns bleibt im wahrsten Sinne des Wortes die Spucke weg. Wir sind so überrascht, dass wir schlicht und ergreifend nicht wissen, was wir sagen sollen.

Sprachlosigkeit bei verbalen Angriffen

Und das ist das Problem. Eine durchsetzungsstarke Person sollte einen solchen Angriff nicht einfach über sich ergehen lassen. Und doch passiert in vielen Fällen genau das. Wir bleiben sprachlos. Punktsieg für den Angreifer. Denn wenn wir einfach nur mit knallroter Birne dasitzen, ohne den Angriff angemessen zurückzuweisen, dann verlieren wir das Gesicht, dann zeigen wir vor versammelter Mannschaft: „So darf mit mir umgegangen werden."

Eine halbe Stunde später fällt uns dann meistens ein, was wir hätten sagen sollen. Aber leider ist es dann schon zu spät. Der Schaden ist bereits entstanden, unser Status ist verletzt, unser Standing in dieser Runde hat gelitten. Wir sind in der informellen „Rangordnung" des Teams nach unten gerutscht.

Mir ist es wichtig zu betonen, dass es nicht der Angriff ist, der diesen Schaden verursacht. Auch wenn es paradox klingt: Den Schaden verursacht einzig und allein unsere Reaktion.

Schaden entsteht durch Reaktion des Angegriffenen

Stellen Sie sich vor, Sie hätten den oben beschriebenen Angriff aus irgendeinem Grund einfach nicht gehört und gar nicht mitbekommen. Deshalb würden Sie jetzt mit einem freudigen Lächeln auf den Lippen einfach weiterplaudern, so als ob nichts gewesen wäre, und den Angreifer schlicht und ergreifend ignorieren. Würden Sie in dieser Konstellation Schaden erleiden und das Gesicht verlieren? Ich glaube nicht.

Der Schaden entsteht bei einem verbalen Angriff erst dadurch, dass Sie mit einer für jeden sichtbaren Fassungslosigkeit dasitzen und zeigen: „Ich bin getroffen!" Erst Ihre hilflose Reaktion, nicht der Angriff selbst, lässt Sie das Gesicht verlieren.

Betrachten wir einmal die möglichen Reaktionen auf einen verbalen Angriff, die Ihnen *nicht* weiterhelfen.

Rechtfertigungen sind kontraproduktiv

Über das hilflose Schweigen und Übergehen haben wir gerade schon gesprochen. Es lässt Sie schwach aussehen. Wenig besser kommen Sie mit wortreichen Rechtfertigungen weg. Stellen wir uns vor, Sie antworten auf die oben beschriebenen Angriffe in etwa so: „Aber ich habe mich doch ganz tief eingelesen und arbeite jetzt schon seit x Jahren an dem Thema. Und am Wochenende habe ich mich extra hingesetzt und noch mal alle Unterlagen für die heutige Besprechung durchgeschaut. Deshalb glaube ich schon, dass ich hier mitreden kann." Sie merken, das klingt nicht gerade nach Augenhöhe.

Angriffe wie die oben beschriebenen sind sogenannte Killerphrasen. Verbale Knüppel, die man Ihnen zwischen die Beine wirft. Und zwar gerade, um Sie zum Stolpern zu bringen, sprachlos zu machen und Sie vor anderen zu beschädigen.

Killerphrasen sind Angriffe auf der Beziehungsebene

Alle Killerphrasen teilen eine gemeinsame Eigenschaft: Sie sind Angriffe rein auf der Beziehungsebene. Auf der Sachebene sind sie nicht begründet und nicht begründbar. Um im oben stehenden Beispiel zu bleiben: Sie kennen sich ja in dem Thema aus, über das gesprochen wird – das wissen Sie, und das weiß Ihr Angreifer.

Es führt zu nichts, einen Angriff, der auf der Beziehungsebene stattfindet, auf der Sachebene zurückschlagen zu wollen. Killerphrasen muss man auf der Ebene begegnen, auf der sie sich befinden: Man muss sie auf der Beziehungsebene kontern. Wir werden uns gleich anschauen, wie das geht.

Vorher möchte ich noch auf ein drittes Reaktionsmuster zu sprechen kommen, das ich oft beobachte, das Sie aber ebenfalls nicht weiterbringt: das Zurückpoltern auf gleichem Niveau. Sie haben nichts gewonnen, wenn Sie Ihre Ellenbogen ausfahren und Ihrem Gegenüber so etwas entgegenschleudern wie: „Sie haben ja selbst keine Ahnung!" Damit droht das Gespräch endgültig zu entgleisen und die Beziehung dauerhaften Schaden zu nehmen.

Zurückpoltern hilft nicht

Wie können wir es besser machen? Aus der Vielzahl der Möglichkeiten möchte ich Ihnen meine Lieblings-Schlagfertigkeitsstechniken vorstellen.

Beginnen wir mit der ersten Technik: dem sogenannten starken Schweigen. Ein starkes Schweigen hat ganz und gar nichts mit dem „schwachen", hilflosen Schweigen zu tun, das wir weiter oben besprochen haben. Bei einem starken Schweigen fallen zwar keine Worte, aber Ihre Körpersprache, Ihre Gestik und Mimik sprechen Bände. Denn über Ihre Körpersprache machen Sie deutlich, was Sie von diesem Angriff halten: nichts! Durch Ihren Gesichtsausdruck und Ihren Blick bringen Sie zum Ausdruck: „Das war ein netter Versuch. Hat nur leider nicht geklappt und trifft mich nicht im Geringsten!"

Starkes Schweigen

Wie können Sie eine solche Botschaft nur über Körpersprache übermitteln? Zum Beispiel mit einem leichten Lächeln und freundlichen Nicken gegenüber dem Angreifer, so als hätten Sie ein bisschen Mitleid mit ihm. Wichtig ist, dass Sie sich nicht zu lange mit dieser Geste aufhalten, sondern sich relativ schnell einem anderen Gesprächspartner, Gegenstand oder Thema zuwenden und dann in Seelenruhe weiterreden oder weiterarbeiten, als ob nichts gewesen wäre. Den Angreifer lassen Sie dabei links liegen und ignorieren ihn. Lassen Sie bei dieser Technik Ihren Blick aber bitte seitlich vom Angreifer weggleiten, wenn Sie sich dem anderen Gesprächspartner oder der anderen Tätigkeit zuwenden. Würden Sie Ihren Blick nach unten weggleiten lassen, würde es wie ein Einknicken und Sichunterordnen wirken.

Sie können es auch mit einem traurigen Kopfschütteln probieren, das so viel sagen will wie: „Schade, das ging jetzt wohl leider in die Hose." Oder Sie mustern Ihr Gegenüber einfach kurz von oben nach unten, so als würden Sie ihn zum ersten Mal sehen und mit Ihren Blicken „ausmessen" wollen. Dann drehen Sie sich seitlich weg und führen das Gespräch mit jemand anderem weiter oder beschäftigen sich mit einer anderen Tätigkeit, so als seien Sie zu dem Schluss gekommen, dass der Angreifer und das, was er gesagt hat, nicht weiter wichtig sind.

Aber vielleicht ist Ihnen auch ein starkes Schweigen zu leise und zu wenig. Sie wollen etwas sagen, wissen aber nicht, was. Dann empfehle ich Ihnen die konkretisierende Gegenfrage. Ausgehend von den verbalen Angriffen am Anfang des Kapitels sind dies geeignete konkretisierende Gegenfragen:

Konkretisierende Gegenfrage

- „Weshalb genau kann ich hier, ohne studiert zu haben, nicht mitreden?"
- „An welcher Stelle genau fehlt mir hier welches konkrete Fachwissen?"

Was machen diese konkretisierenden Gegenfragen mit dem Gespräch? Zunächst einmal spielen Sie den Ball zurück ins andere Spielfeld. Jetzt muss sich Ihr Gegenüber rechtfertigen, nicht Sie! Noch dazu haben Sie nach einer Konkretisierung gefragt: „Was *genau*/was ganz *konkret* ...?“ Diese Frage zielt auf die Sachebene und muss auf der Sachebene beantwortet werden. Jetzt sind Killerphrasen aber Angriffe rein auf der Beziehungsebene und es existieren keine guten sachlichen Gründe für die Vorwürfe. Sie zwingen Ihr Gegenüber also, sich auf einer Ebene zu rechtfertigen, wo es nichts zu rechtfertigen gibt. Wenn keine befriedigende Antwort kommt und der Angreifer versucht, sich mit einem zweiten blöden Spruch aus der Affäre zu ziehen, dann können Sie die konkretisierende Gegenfrage auch ruhig wortgleich ein zweites und eventuell ein drittes Mal stellen. Ganz im Stil der „Sprung in der Schallplatte“-Technik. Stellen Sie die Fragen so, dass bei jeder Antwort Ihres Gegenübers deutlich wird, wie absurd der Vorwurf eigentlich ist. Oft genug führt das zu einer hilflosen Reaktion des Angreifers. Der Schaden bleibt an ihm hängen.

Aber vielleicht kommt es gar nicht so weit. Eine konkretisierende Gegenfrage gibt Ihrem Gegenüber auch die Möglichkeit, zurückzurudern. Er kann seine Aussage relativieren, abschwächen, zurücknehmen oder erklären, dass er es nicht so gemeint hat. Das ist für Sie sicherlich die beste Lösung.

Wichtig ist bei der konkretisierenden Gegenfrage (wie bei allen anderen Schlagfertigkeitstechniken), dass Sie Ihrem Gesprächspartner in die Augen schauen, während Sie die Frage stellen. Nur dann wirken Sie souverän. Gerne können Sie Ihre Gegenfrage zusätzlich mit den Gesten und der Körperhaltung unterlegen, die wir unter dem Stichwort „starkes Schweigen“ weiter oben besprochen haben. Es gibt nur einen einzigen Unterschied. Halten Sie den Blick. Lassen Sie ihn nicht seitlich weggleiten. Schauen Sie Ihrem Gegenüber direkt in die Augen, während er sich mit einer sachlichen Rechtfertigung abmüht.

Das Gleiche gilt auch für die „Was Sie eigentlich sagen wollen“-Technik. Hier geben Sie den Angriff nochmals wieder und überzeichnen ihn dabei. Dabei leiten Sie Ihren Konter mit der Phrase „Was Sie eigentlich sagen wollen, ist ...“ ein. Das könnte sich so anhören:

„Was Sie eigentlich sagen wollen“-Technik

- „Was du eigentlich sagen willst, ist, dass Menschen ohne Studienabschluss grundsätzlich gehirnamputiert sind und in dieser Firma nichts zu suchen haben."
- „Was du eigentlich sagen willst, ist, dass du meinen Vorschlag für eine Katastrophe hältst und du mich intellektuell auf dem Niveau von einem Kleinkind siehst."

Sagen Sie den Satz und halten Sie dabei den Blick. In der Regel wird Ihr Gesprächspartner daraufhin zurückrudern und erklären, dass er es so ja nicht gemeint habe. Er rechtfertigt sich und relativiert seine Aussage. Punktsieg für Sie.

Und wenn Ihnen all das nicht zusagt? Dann gehen Sie auf die Metaebene. Ein Gespräch auf der Metaebene führt man, wenn man mit seinem Gesprächspartner darüber spricht, wie man miteinander spricht. Und wenn Sie keine Lust auf Statusspielchen haben, dann ist das ein gangbarer Weg, um verbale Angriffe und Killerphrasen abzuwehren und Grenzen zu setzen.

Antworten auf der Metaebene

Beginnen Sie, indem Sie laut „Stopp" sagen. Strecken Sie Ihrem Gegenüber dabei am besten Ihre Hand entgegen, als würden Sie ein Auto zum Anhalten auffordern. Und schauen Sie ihm dabei in die Augen. Sie machen damit deutlich, dass Ihr Gegenüber mit seinem Angriff eine Grenze erreicht hat, die Sie verteidigen werden.

Danach thematisieren Sie die Metaebene, also die Art und Weise, wie mit Ihnen gesprochen wurde und wie Sie mit Ihrem Gegenüber sprechen wollen. „Ich möchte nicht, dass in diesem Ton mit mir gesprochen wird. Lassen Sie uns doch bitte auf die Sachebene zurückkehren."

Hier kommt es stark auf Stimme und Körpersprache an. Ihr Ton sollte sachlich und souverän, aber nicht aggressiv sein. Halten Sie nach wie vor Blickkontakt und machen Sie sich nicht klein. So unterstreichen Sie, dass Sie Ihr Gegenüber mit seinem Angriff nicht durchkommen lassen werden – und meistens gelingt eine Rückkehr zur sachlichen Diskussion.

Es gibt zahlreiche weitere Schlagfertigkeitstechniken, aber ich glaube, Ihnen wäre nicht geholfen, wenn ich sie hier aufzählen würde. Warum? Das Geheimnis der Schlagfertigkeit liegt darin, dass die Antwort schnell und entschlossen kommt. Der Blickkontakt muss sofort da sein. Die Antwort muss innerhalb weniger Sekunden folgen.

Bei Schlagfertigkeit gilt meist: Weniger ist mehr

Es steigert Ihre Souveränität nicht, wenn Sie nach einem Angriff zunächst in sich gehen, um aus zwei Dutzend Techniken, die Sie gelernt haben, diejenige herauszugreifen, die hier am besten passt. Um ehrlich zu sein, ist es auch relativ gleichgültig, was genau Sie sagen. Wichtig ist, was auf der Beziehungsebene beim anderen ankommt. Nämlich: „Das trifft mich nicht!" Und wenn man Ihnen ansieht, dass Sie überlegen und nach einer Antwort suchen, dann wirkt das so, als ob Sie getroffen wären. Suchen Sie also nicht die beste Antwort, sondern antworten Sie einfach und schnell. Üben Sie die oben besprochenen Techniken, damit Sie nicht lange nachdenken müssen, wenn Sie sie brauchen.

Und wenn Sie nach dem Angriff so perplex sind, dass Ihnen gar nichts einfällt? Für solche Fälle empfehle ich Ihnen, sich einen Schlagfertigkeits-Notfallkoffer zuzulegen. In diesem Notfallkoffer sollten maximal drei Formulierungen liegen, die Sie auswendig gelernt haben. Drei Formulierungen, die zu Ihnen passen und die Sie wie aus der Pistole geschossen wiedergeben können – selbst dann, wenn Ihnen die Spucke wegbleibt und Sie nicht mehr wissen, wo vorne und hinten ist. Die folgenden Formulierungen passen relativ universell auf eine Vielzahl von verbalen Angriffen:

Ein Schlagfertigkeitskoffer für Notfälle

- „Ich mag Ihre Witze!“
- „Danke, Sie sind auch sehr hübsch!“
- „Entschuldigung, kennen wir uns?“
- „Sorry, dazu fällt mir wirklich gar nichts ein!“
- „Ich habe schlicht und ergreifend keine Lust, irgendwas dazu zu sagen!“
- „Schönes Wetter heute, oder?“
- „Dazu kann ich nichts sagen, ich bin in meinem Schlagfertigkeitsbuch erst bei Lektion 3.“
- „Du, sorry, in meinem Hörgerät ist die Batterie leer.“
- „Muss ich das verstehen, was Sie da gerade gesagt haben?“
- „Haben Sie gerade mit mir gesprochen?“
- „Ich hab's nicht verstanden. Können Sie es noch mal wiederholen?“
- „Haben Sie gerade was gesagt?“
- „Da fragen Sie besser meinen Steuerberater!“
- „Können Sie das auch rückwärts?“
- „Das ist für meinen eckigen Kopf zu rund!“
- „Wenn Sie sich jetzt besser fühlen ...“
- „Ich passe mich nur meiner Umgebung an!“
- „Brauche ich nicht – ich habe Kenntnisse!“
- „Es singt für Sie: das Niveau.“
- „Sprechen Sie aus Erfahrung?“
- „Dummkopf!“ – „Angenehm, Pressler mein Name!“
- „Ich weiß nicht, wie das heißt, was du hast. Aber ich bin mir sicher, es ist schwer auszusprechen.“

Suchen Sie sich aus dieser Auswahl maximal drei Formulierungen aus und lernen Sie sie auswendig. Nur dann werden Sie sie im Notfall parat haben und mit der entsprechenden Stimme, Mimik und Körpersprache einsetzen können.

Auf den Punkt gebracht:

- Wer einen verbalen Angriff einfach übergeht und schwach schweigt, der zeigt: „So darf mit mir umgegangen werden."
- Killerphrasen sind Angriffe auf der Beziehungsebene und ohne eine sachliche Basis. Wenn Sie versuchen, einem solchen Angriff auf der Sachebene zu begegnen, geht das fast immer schief. Sie rutschen damit in die Situation, sich zu rechtfertigen.
- Egal, was Sie sagen oder nicht sagen, auf der Beziehungsebene muss klar werden: „Dieser Angriff trifft mich nicht!"
- Wenn Sie körpersprachlich deutlich machen, dass Sie nicht getroffen sind, genügt dieses starke Schweigen meistens, um den Angriff zu kontern.
- Mit einer konkretisierenden Gegenfrage („Was genau meinen Sie damit?") spielen Sie den Ball zurück und zwingen den Angreifer, sich auf der Sachebene zu erklären – wo es in der Regel nichts zu erklären gibt.
- Bei der „Was Sie eigentlich sagen wollen"-Technik geben Sie den Angriff nochmals wieder und überzeichnen ihn dabei. Dadurch zwingen Sie den Angreifer, zurückzurudern.
- Sie können auch auf die Metaebene gehen und dem Angreifer klarmachen, dass Sie so nicht mit ihm reden wollen.
- Egal, wie Sie auf einen Angriff reagieren: Ihre Reaktion muss schnell kommen. Packen Sie sich daher drei Standardkonter in Ihren Schlagfertigkeits-Notfallkoffer. Lernen Sie diese Formulierungen auswendig, sodass Sie sie im Notfall sofort anwenden können.

Sich durchsetzen und argumentieren im Meeting

Auf den ersten Seiten dieses Buches haben wir Tina kennengelernt, die in einem Meeting versucht, ihre Idee einer digitalisierten Ablage durchzusetzen, damit sie nicht immer wieder für andere Kollegen dicke Aktenordner durchforsten muss. Und wir haben erlebt, wie sie mit dieser Idee gescheitert ist.

Die Situation war zugegebenermaßen klischeehaft konstruiert. Und doch laufen reale Meetings oft in ähnlicher Weise ab. Gute Ideen werden schon zu Beginn torpediert, persönliche Reibereien und Statusspiele überlagern die sachliche Ebene, und am Ende des Meetings, wenn die meisten schon weggedämmert sind, kapert irgendein Alphatier die Diskussion und beendet sie in seinem Sinne.

Wir werden in diesem Kapitel nicht behandeln, wie Sie Besprechungen organisieren oder moderieren. Eine gut organisierte und moderierte Besprechung ist sicherlich die beste Voraussetzung dafür, dass die besten Ideen das Team voranbringen. Aber solche Besprechungen sind nicht die Regel. Hier soll es darum gehen, wie Sie in Besprechungen auftreten können und wie Sie sich auf Besprechungen vorbereiten, um Ihre Ideen konstruktiv, aber mit Nachdruck zu vertreten und wenn möglich durchzusetzen.

Beginnen wir mit der Vorbereitung, denn von einer guten Vorbereitung hängt – wie bei so vielen Dingen – Ihr Erfolg maßgeblich ab. Wie also sollten Sie sich auf ein Meeting vorbereiten, in dem es um eine für Sie wichtige Angelegenheit geht?

In unserem Beispiel-Meeting geht Tina von der Idee aus, dass erst im Meeting selbst alle Ideen ausgetauscht und auf den Tisch gelegt werden – und dass dann darüber entschieden wird. Das ist in den seltensten Fällen so. Wenn es um wichtige Dinge geht, werden in der Regel schon vorab Gespräche geführt, Verbündete gewonnen und Koalitionen geschmiedet. Und oft steht die Entscheidung damit bereits fest, bevor das Meeting beginnt.

Das bedeutet für Sie, dass Sie sich vor dem Meeting überlegen sollten, wer Ihrer Idee positiv gegenüberstehen könnte und wen Sie unbedingt überzeugen müssen. Überzeugen funktioniert in einem Vieraugengespräch (selbst wenn es zwischen Tür und Angel stattfindet) in der Regel besser als in einem Meeting. Und Sie haben in den vergangenen Unterkapiteln gelernt, wie Sie das anstellen.

Koalitionen schmieden

Sprechen Sie einzelne Teilnehmerinnen und Teilnehmer daher rechtzeitig vor dem Meeting an und platzieren Sie Ihre Idee. Beginnen Sie bei denen, von denen Sie am ehesten Zustimmung und Unterstützung erwarten. So können Sie bei weiteren Gesprächen mit kritischeren Partnern bereits darauf hinweisen, dass nicht nur Sie, sondern auch andere die Idee gut finden.

Entweder Sie können auf diese Weise schon vor dem eigentlichen Meeting eine kritische Masse an Zustimmung zusammenbringen, sodass Ihre Idee während des Meetings unterstützt wird und ein Beschluss in Ihrem Sinne fällt. Oder Sie merken, dass Sie schon in den Vieraugengesprächen keine Zustimmung bekommen und dass Ihre Idee im Meeting daher mit hoher Wahrscheinlichkeit nicht fliegen wird. Dann wissen Sie zumindest, dass Sie sich die Mühe sparen können, die Idee vor versammelter Mannschaft offiziell einzubringen – um sie dann zerpflücken zu lassen. Denn eine Idee, die Sie einbringen und die rundweg abgelehnt wird, tut Ihrem Standing und Ihrem Status nicht gut.

Gehen wir davon aus, dass Sie bei Ihren Vieraugengesprächen Unterstützung für Ihre Idee finden. Ist das Meeting moderiert und

Eigene Themen früh platzieren

gibt es eine Agenda? Sehr gut – so sollte es sein! Dann beziehen Sie jetzt den Moderator ein und bitten Sie ihn, das Thema auf die Agenda zu setzen. Und zwar möglichst weit oben, das heißt möglichst früh im Meeting, damit das Thema auch sicher noch besprochen werden kann und die Teilnehmenden noch Energie haben, eine Entscheidung zu treffen.

Vielleicht fragen Sie sich, ob es wirklich so wichtig ist, dass Ihr Thema relativ früh im Meeting besprochen wird und nicht unter dem Tagesordnungspunkt „Sonstiges“ landet. Es ist wichtig! In einer israelischen Studie eines Teams um Shai Danziger von der

Ben-Gurion University wurde untersucht, ob es für Gnadengesuche vor Gericht eine Rolle spielt, zu welcher Tageszeit das Gnadengesuch verhandelt wird. Das Ergebnis war erstaunlich, denn eigentlich sollten sich Gerichtsurteile ja nur an der Faktenlage und nicht an der Uhrzeit orientieren. Wie die Forscher herausfanden, spielt die Uhrzeit aber tatsächlich eine enorme Rolle. Bei richterlichen Entscheidungen zu Beginn des Tages und unmittelbar nach längeren Pausen wurden circa 65 Prozent der Gnadengesuche positiv entschieden. Fiel die Entscheidung gegen Ende des Tages oder kurz vor einer Pause, so sank der Anteil der positiven Urteile auf nahezu null. Die Erklärung dafür: Menschen werden entscheidungsmüde, wenn sie sich lange konzentrieren müssen. Sprechen Sie daher mit dem Organisator des Meetings und sorgen Sie dafür, dass Ihre Idee beziehungsweise Ihr Anliegen möglichst weit ob auf der Agenda landet.

Entscheidungsmüdigkeit umgehen

Machen Sie das am besten nicht per Mail, sondern in einem persönlichen (Telefon-)Gespräch, bei dem Sie den Leiter oder Moderator des Meetings über Hintergründe informieren und ihm die Wichtigkeit der Idee gut verkaufen können.

Aber noch sind Sie mit der Vorbereitung nicht ganz fertig, denn auch wenn Sie sich Rückendeckung organisiert haben, sollten Sie sich überlegen, wie Sie Ihre Idee im Meeting präsentieren. Bei einer schlecht vorgetragenen Idee kann sich Ihre Unterstützerkoalition nämlich schnell in Luft auflösen. Im Kapitel 4, *Durchsetzungsstarke Sprache* bin ich schon auf Edmund Stoibers Transrapid-Rede eingegangen. Diese Rede ist auf YouTube verfügbar und ein klassisches Beispiel dafür, wie eine gute Idee (der Bau einer Magnetschwebebahn zwischen dem Münchner Hauptbahnhof und dem Flughafen München) scheitert, weil sie schlecht vorgetragen wird. Der Transrapid-Rede fehlt jegliche Struktur. Dadurch wirkt sie wirr und Edmund Stoiber macht sich lächerlich. Das sollte Ihnen nicht passieren.

Struktur schafft Respekt

Um Ideen vorzuschlagen, empfehle ich Ihnen den sogenannten Fünfsatz – eine mehr als 2000 Jahre alte Argumentationsstruktur, die Ihnen hilft, Ihre Gedanken zu ordnen und Ihre Zuhörer mitzunehmen. Ein Fünfsatz eignet sich weniger gut für Vieraugengespräche, weil er in der Regel als Monolog vorgetragen wird und dadurch sehr formell wirkt. Aber wenn Sie in einem Meeting zwei bis drei Minuten Redezeit (oder mehr) zur Verfügung haben, ist er das Mittel der Wahl.

Wie Sie sich vermutlich denken können, besteht ein Fünfsatz aus fünf Teilen. Einem Einstieg, drei Argumenten und einem Zwecksatz. Und genau wie wir es im Kapitel 5, *Argumentieren in Vieraugengesprächen* gelernt haben, werden wir auch den Fünfsatz in der Vorbereitung von hinten nach vorne in fünf Schritten aufbauen. Wir beginnen also mit dem Teil, der beim Vortragen des Fünfsatzes als Letztes kommt: mit dem Zwecksatz. Was ein Zwecksatz ist, haben Sie schon im soeben genannten Unterkapitel erfahren: Er fasst das Gesagte zusammen, bringt auf den Punkt, was daraus folgt, und beinhaltet meistens eine klare Handlungsaufforderung.

Mit dem Zwecksatz beginnen

Wie würde der Zwecksatz lauten, wenn Tina in ihrer Besprechung einen Fünfsatz benutzt hätte? Zum Beispiel so: „Deshalb ist es absolut sinnvoll, dass wir zeitnah auf ein papierloses Büro umstellen. Wir sollten heute den Beschluss fassen, die Scanner-Station anzuschaffen." Klar und kurz. Nicht mehr und nicht weniger.

Im Mittelteil des Fünfsatzes folgen nun drei Argumente. Jedes dieser Argumente besteht aus einer Behauptung und einer Begründung. Wo es sich anbietet, kann auf die Begründung auch noch ein kurzes Beispiel folgen.

Anordnung der Argumente

Warum drei Argumente? Warum nicht zwei oder 17? Drei Argumente können sich die meisten Menschen sehr gut merken und für fast jede Idee werden Sie drei starke Argumente finden. Zwei oder vier Argumente sind natürlich auch in Ordnung. Aber wenn es mehr als vier Argumente werden, überfordern Sie Ihre Zuhörer und Zuhörerinnen. Und die Wahrscheinlichkeit steigt, dass sich ein zweifelhaftes, angreifbares

Argument darunter befindet, dem Ihre Gesprächspartner dann widersprechen und an dem sie den Hebel ansetzen können.

Wie sollten Sie Ihre Argumente nun anordnen? Das stärkste Argument gehört an den Schluss, denn was wir zuletzt hören, bleibt uns in Erinnerung. Auch das erste Argument sollte ein gutes sein, denn was wir zuerst hören, bestimmt, wie wir das, was danach kommt, aufnehmen. Ist das erste Argument schon schwach, dann hören wir beim zweiten möglicherweise schon gar nicht mehr richtig hin, weil wir uns innerlich bereits gegen den Vorschlag entschieden haben. Das aus Ihrer Sicht schwächste Argument verstecken Sie daher am besten in der Mitte.

Welche Argumente könnte Tina benutzen, um ihr Anliegen, die Anschaffung einer Scanner-Station und die Einführung eines papierlosen Büros, im Rahmen eines Fünfsatzes zu begründen?

1. „Das papierlose Büro führt zu Zeitersparnis: Wenn alle Unterlagen gescannt und auf einem zentralen Server abgelegt werden, können alle Mitarbeiter schnell auf die Dokumente zugreifen, die sie brauchen. Denn die Dokumente werden beim Scannen sofort von einer OCR-Software für Volltext-Suchen verschlagwortet und zudem noch mit einem Zeitstempel in einer klaren Ordnerstruktur abgelegt, sodass sie sehr leicht gefunden werden können."
2. „Für das papierlose Büro gibt es Erfahrungswerte: Andere Abteilungen in unserer Firma haben schon auf ein papierloses Büro umgestellt und gute Erfahrungen gemacht. In den Abteilungen X und Y gab es zwar zunächst Befürchtungen und Widerstände. Aber schon nach kurzer Zeit ist dort deutlich geworden, dass mit dem neuen System keine Unterlagen mehr verloren gehen, wie das früher mit Papierdokumenten öfter der Fall war, und dass die Suchfunktion superleicht zu bedienen ist."
3. „Das papierlose Büro ist wirtschaftlich sinnvoll: Auch wenn die Umstellung zunächst Geld kostet (nämlich rund 3000 Euro für die Scanner-Station), amortisiert sich die Investition schnell und spart dem Unternehmen schon nach einem Jahr Geld. Denn die Arbeitszeit, die die Mitarbeiter mit der Suche nach Dokumenten

verbringen, kostet ja auch. Und wenn wichtige Kunden- oder Lieferantendokumente nicht mehr auftauchen, kann das erheblich ins Geld gehen. Gerade vor zwei Wochen konnten wir bei Lieferant X einen Garantieanspruch bei einem Maschinenwerkzeug nicht durchsetzen, weil die Rechnung nicht mehr auffindbar war."

Jetzt haben wir unsere drei Argumente. Fehlt nur noch der Einstieg. Oft kann sich der Einstieg aus einem Gespräch oder einer Diskussion ergeben, an die Sie einfach anknüpfen. Aber falls man Ihnen das Wort erteilt, sollten Sie am besten einen vorbereiteten Einstieg haben. Er soll kurz und direkt sein, sofort Aufmerksamkeit herstellen und zweifelsfrei deutlich machen, worum es geht und was Sie wollen. Hier zwei Beispiele:

Einstieg in die Argumentation

Wenn Sie einen Beamer zur Verfügung haben, könnten Sie Aufmerksamkeit durch ein Foto der chaotischen Ablage herstellen, das Sie zeigen: „Meine Damen und Herren, das hier ist unsere Ablage und unser Archiv. Wie lange, glauben Sie, brauchen wir im Durchschnitt, um Dokumente zu finden? Und wie viele Dokumente, glauben Sie, bleiben dauerhaft unauffindbar? Ich schlage vor, dass wir die Umstellung auf ein papierloses Büro noch dieses Jahr in Angriff nehmen und heute beschließen, dafür eine Scanner-Station anzuschaffen."

Oder Sie starten mit einer erstaunlichen Tatsache oder Studie:

„Eine Studie von TNS Emnid hat ergeben, dass eine Umstellung auf ein papierloses Büro gerade für Mittelständler wie uns sinnvoll, umsetzbar und wirtschaftlich ist. Trotzdem stapeln sich bei uns in der Abteilung noch die Ordner und Dokumente. Ich schlage vor, dass wir die Umstellung auf ein papierloses Büro noch dieses Jahr in Angriff nehmen und heute beschließen, dafür eine Scanner-Station anzuschaffen."

Der Fünfsatz am Stück vorgetragen

Nun haben Sie auch den Einstieg; Sie können Ihren Fünfsatz üben und dann im Meeting vortragen. Betrachten wir den gesamten Beispiel-Fünfsatz noch einmal in der korrekten Reihenfolge:

Eine Studie von TNS Emnid hat ergeben, dass eine Umstellung auf ein papierloses Büro gerade für Mittelständler wie uns sinnvoll, umsetzbar und wirtschaftlich ist. Trotzdem stapeln sich bei uns in der Abteilung noch die Ordner und Dokumente. Ich schlage vor, dass wir die Umstellung auf ein papierloses Büro noch dieses Jahr in Angriff nehmen und heute beschließen, dafür eine Scanner-Station anzuschaffen. Und zwar aus folgenden drei Gründen:

Erstens: Das papierlose Büro führt zu einer Zeitersparnis. Wenn alle Unterlagen gescannt und auf einem zentralen Server abgelegt werden, können alle Mitarbeiter schnell auf die Dokumente zugreifen, die sie brauchen. Denn die Dokumente werden beim Scannen sofort von einer OCR-Software für Volltext-Suchen verschlagwortet und zudem noch mit einem Zeitstempel in einer klaren Ordnerstruktur abgelegt, sodass sie sehr leicht gefunden werden können.

Zweitens: Für das papierlose Büro gibt es Erfahrungswerte. Andere Abteilungen in unserer Firma haben schon auf ein papierloses Büro umgestellt und gute Erfahrungen gemacht. In den Abteilungen X und Y gab es zwar zunächst Befürchtungen und Widerstände. Aber schon nach kurzer Zeit ist dort deutlich geworden, dass mit dem neuen System keine Unterlagen mehr verloren gehen, wie das früher mit Papierdokumenten öfter der Fall war, und dass die Suchfunktion superleicht zu bedienen ist.

Und *drittens* und aus meiner Sicht am wichtigsten: Das papierlose Büro ist wirtschaftlich sinnvoll. Auch wenn die Umstellung zunächst Geld kostet (nämlich rund 3000 Euro für die Scanner-Station), amortisiert sich die Investition schnell und spart dem Unternehmen schon nach einem Jahr viel Geld. Denn die Arbeitszeit, die die Mitarbeiter mit der Suche nach Dokumenten verbringen, kostet ja auch. Und wenn wichtige Kunden- oder Lieferantendokumente nicht mehr auftauchen, kann das erheblich ins Geld gehen. Gerade vor zwei Wochen konnten wir bei Lieferant X einen Garantieanspruch bei einem Maschinenwerkzeug nicht durchsetzen, weil die Rechnung nicht mehr auffindbar war.

Aus diesen drei Gründen – der Zeitersparnis, der guten Erfahrungen anderer Abteilungen und aus Gründen der Wirtschaftlichkeit – ist es absolut sinnvoll, dass wir zeitnah auf ein papierloses Büro umstellen und dafür heute den Beschluss fassen, die Scanner-Station anzuschaffen.

Sie merken: Ein Fünfsatz hilft Ihnen, Ihre Gedanken in eine glasklare Struktur zu gießen und dadurch ausgesprochen durchsetzungsstark zu wirken. Mit einem gut vorbereiteten Fünfsatz sind Sie nun endlich bereit für das Meeting.

Auch im Meeting selbst gibt es eine Vielzahl von Kleinigkeiten zu beachten, die insgesamt einen großen Unterschied machen. Beginnen wir mit Ihrem Sitzplatz im Besprechungsraum. Wo sollten Sie sitzen?

Strategisch günstigen Sitzplatz im Meeting reservieren

Falls es einen zentralen Entscheider oder einen Moderator gibt, sollten Sie so sitzen, dass Sie von ihm gesehen werden und Blickkontakt haben können, wenn Sie Ihren Vorschlag machen. Also nicht direkt neben dem Entscheider und auch nicht im hintersten Winkel des Raumes. Vermeiden Sie es auch, die Tür im Rücken zu haben (vor allem, wenn sie öfter auf- und zugeht). Wenn ständig etwas hinter Ihrem Rücken passiert oder jeden Moment passieren könnte, macht Sie das unsicher. Seien Sie rechtzeitig im Raum und legen Sie Ihre Besprechungsunterlagen an einen Platz, den Sie sich nach diesen Kriterien aussuchen. Danach können Sie ja noch einmal in Ihr Büro zurückkehren und ein paar Mails schreiben, bis die Besprechung losgeht. Ihr Platz ist dann durch Ihre Unterlagen reserviert.

Früh eigenen Pflock einschlagen

Steht Ihr Anliegen auf einer Agenda, dann erhalten Sie irgendwann das Wort. Aber viele Meetings verlaufen einigermaßen chaotisch und ohne Agenda. Dann ist es wichtig, dass Sie Ihr Anliegen möglichst früh einbringen. Denn was am Anfang gesagt wird, schlägt den Pflock ein, um den im Folgenden getanzt wird. Wenn es Ihnen nicht gelingt, Ihr Anliegen früh einzubringen, riskieren Sie, dass am Schluss keine Zeit oder keine Aufmerksamkeit mehr für Ihr Thema übrig bleibt. Meetings sind anstrengend, und je länger sie dauern, desto geringer wird die Bereitschaft der Teilnehmenden, sich auf Neues einzulassen.

Jedes Meeting hat seine eigene Kultur. In manchen melden sich die Teilnehmer per Handzeichen. In anderen redet einfach derjenige, der das Wort ergattern kann. Wenn Ihr Meeting eine Handzeichen-Kultur hat, dann melden Sie sich frühzeitig, indem Sie die Hand heben, und nehmen Sie sie erst dann wieder herunter, wenn der Moderator Ihnen signalisiert, dass er Sie gesehen hat. Wenn Ihr Meeting ohne Handzeichen und ohne Moderator auskommt, dann warten Sie nicht zu lange, bevor Sie sich zu Wort melden. Warten Sie nicht auf den perfekten Moment. Trauen Sie sich im Zweifelsfall auch einmal, einen Vielredner zu unterbrechen.

Jetzt tragen Sie Ihren Fünfsatz vor. Aber was machen Sie, wenn Sie unterbrochen werden, so wie das bei Tina der Fall war? Schon nach wenigen Worten ist ihr ihre Kollegin Angelika ins Wort gefallen und hat gefragt, was „so ein Ding denn kosten" würde.

Mit Unterbrechungen umgehen

Lassen Sie sich nicht unterbrechen und nicht aus der Bahn bringen! Wenn Sie Unterbrechungen zulassen, auf Zwischenrufe reagieren oder zwischendrin Fragen beantworten, zerschießen Sie sich Ihre gut strukturierte Argumentation. Unterbrecher mit inhaltlichen Fragen können Sie auf später vertrösten: „Darauf komme ich gleich zu sprechen, Frau Mayer. Lassen Sie mich meine Punkte bitte zunächst ausführen." Sie können Unterbrechungen auch durch Metakommunikation zurückweisen, indem Sie den Unterbrecher unterbrechen: „Stopp, Herr Schmidt. Sie haben gleich das Wort. Jetzt möchte ich zunächst meine Punkte ausführen." Oft hilft es auch, einfach weiterzureden und die Unterbrechung schlicht und einfach zu ignorieren. Für welche dieser drei Techniken zur Zurückweisung von Unterbrechungsversuchen Sie sich entscheiden, hängt sicher von der Situation und Ihrer Person ab. Wichtig ist: Lassen Sie sich nicht die Butter vom Brot nehmen.

Nun haben Sie Ihren Fünfsatz präsentiert. Wie geht es weiter? Geben Sie die Gesprächsführung jetzt nicht einfach aus der Hand, indem Sie schweigen und warten, was passiert. Sie haben sich in der Vorbereitung ja nicht umsonst Verbündete aufgebaut. Geben Sie nach Ihrem Fünfsatz das Wort an jemanden weiter, von dem Sie wissen, dass er oder sie auf Ihrer Seite steht – und zwar am besten mit einer Frage: „Frau Huber, Sie sehen so aus, als ob Sie dazu etwas sagen wollten. Was ist Ihre Meinung dazu?"

Gesprächsführung in der Hand behalten

Warum sollten Sie das tun? Weil die erste Reaktion, die auf Ihren Vorschlag folgt, die wichtigste ist. Kommt die erste Reaktion von einem Kritiker, schalten sich schnell auch andere Kritiker ein. Ist die erste Wortmeldung nach Ihrem Fünfsatz aber positiv, haben Sie gute Chancen, dass sich die Kritiker gar nicht aus der Deckung wagen.

Wird Ihr Vorschlag nun diskutiert, dann bleiben Sie bitte an der Diskussion beteiligt. Nicht mit ausufernden Wortbeiträgen, sondern mit kurzen, klaren Statements. Nehmen Sie dabei die Perspektive der Entscheider ein, erläutern Sie den Nutzen Ihres Vorschlags aus deren Perspektive („Das bedeutet für Sie …"), und halten Sie beim Sprechen Blickkontakt zu den Personen, von denen letztendlich die Entscheidung abhängt. Wird Ihr Vorschlag kritisiert, dann fangen Sie den Angriff auf und zeigen Sie Verständnis, ohne inhaltlich zuzustimmen: „Ich kann nachvollziehen, dass Sie so denken. Vor ein paar Jahren habe ich das noch genauso gesehen wie Sie." Dann formulieren Sie Ihr Gegenargument. So vermeiden Sie eine weitere Konfrontation und einen Schlagabtausch.

Nicht ins Abseits drängen lassen

Im Idealfall wird ein Moderator die Diskussion leiten, lenken und letztendlich eine Entscheidung herbeiführen. Aber falls das nicht der Fall ist, dann können auch Sie die Diskussion einfangen und zu einer Entscheidung hinführen: „Wir haben jetzt lange diskutiert und alle Argumente dafür und dagegen angehört. Ich finde die Argumente für das papierlose Büro überzeugend und bin dafür, dass wir die Scanner-Station noch in diesem Quartal kaufen.

Sollen wir das so machen?“ Halten Sie dabei Blickkontakt zu den Entscheidern, denn diese haben letztendlich das letzte Wort.

Auf den Punkt gebracht:

- Bereiten Sie Meetings gut vor: Führen Sie Vorgespräche unter vier Augen und gewinnen Sie Verbündete, noch bevor es losgeht.
- Lassen Sie Ihr Anliegen möglichst weit oben auf die Agenda setzen. Je später es verhandelt wird, desto entscheidungs- und veränderungsmüder sind die Teilnehmer des Meetings.
- Suchen Sie sich einen guten Platz im Meetingraum und reservieren Sie ihn, indem Sie rechtzeitig Ihre Unterlagen an diesen Platz legen.
- Benutzen Sie die Fünfsatz-Argumentation, um Ihr Anliegen klar und strukturiert darzulegen.
- Geben Sie nach dem Fünfsatz den Gesprächsfaden an eine Person weiter, die Ihrem Vorhaben positiv gegenübersteht.
- Halten Sie, wenn Sie sprechen, Blickkontakt mit den Entscheidern.
- Fangen Sie ausufernde Diskussionen ein, indem Sie die Entscheidungsfrage stellen.

Selbst-PR

Die modernen Aschenputtel unserer Bürowelt sind sich sicher: „PR ist etwas für Politiker, Aufschneider und Marketingprofis. So was brauche ich nicht und mache ich nicht!“ Und schon nimmt die Tragödie ihren Lauf.

Das typische Aschenputtel verzichtet auf den Hinweis, dass der Verbesserungsvorschlag, mit dem sich nun andere brüsten, von ihm stammt. Es steht nicht gerne im Mittelpunkt, und wenn ein Vorgesetzter einmal ein Lob ausspricht, dann wertet es seine eigene Leistung ab: „Ach, das war doch nichts Besonderes ...“ Und dann?

Dann wird Aschenputtel übersehen. Bei der nächsten Gehaltserhöhung, der nächsten Beförderung oder bei der Besetzung eines neuen spannenden Projekts machen andere das Rennen. „What you see is all there is!“, lautet das Mantra des Psychologie-Professors und Nobelpreisträgers Daniel Kahneman. „Was du siehst, ist für dich die ganze Welt.“ Und dieser Satz gilt auch für die Vorgesetzten der modernen Aschenputtel. Leistungen, die nicht gesehen werden, existieren in deren Köpfen nicht. Deshalb werden sie auch nicht wertgeschätzt.

Risiko des Übersehenwerdens

Das glauben Sie nicht? Wir überschätzen, was Vorgesetzte (und Menschen generell) von sich aus wahrnehmen. Denn unsere Vorgesetzten haben ihren eigenen gedanklichen Fokus, eigene Themen, auf die sich ihre Aufmerksamkeit konzentriert. Oft sind das so viele Themen, dass Dinge, die reibungslos funktionieren, ohne dabei ins Auge zu stechen, einfach unter den Tisch fallen. Zum Beispiel Aschenputtels konstant gute Leistungen.

Auf der anderen Seite gilt Kahnemans Motto umgekehrt natürlich auch für uns selbst. Wir sehen unsere Leistung, denn wir erbringen sie Tag für Tag. Für uns steht das, was wir tun, im Mittelpunkt. Leider unterliegen wir der Fehleinschätzung, zu glauben, was wir sehen, müssten auch andere sehen. Tun sie aber nicht!

Oft entwickelt sich so ein Teufelskreis der Unsichtbarkeit. Weil unsere Leistung nicht gesehen wird, erhalten wir kein Feedback und oft auch keine Wertschätzung dafür. Weil wir keine Wertschätzung erhalten, glauben wir, auch nichts *so* Besonderes geleistet zu haben. Jedenfalls nichts, womit man sich brüsten müsste. Bei den Büro-Aschenputteln unserer Welt verstärkt sich auf diese Weise das Gefühl: „Ich mache ja nur meine Arbeit. Das steht ja schließlich in meinem Arbeitsvertrag und dafür werde ich bezahlt. Das ist nichts Besonderes. Da

Teufelskreis der Unsichtbarkeit

muss ich nicht extra drauf hinweisen!" Also weist Aschenputtel auch nicht darauf hin – und wird nicht gesehen.

Und wenn nun doch einmal die Sprache darauf kommt, dass Aschenputtel etwas gut gemacht hat? Dann schiebt sie ihre Erfolge ganz schnell auf Glück und die Leistungen anderer. Gleichzeitig werden sie mit Weichmachern versehen („Ich glaube, das haben meine Kollegen und ich eigentlich ganz gut gelöst!") und oft negativ formuliert („Wir hatten Glück und haben es geschafft, die Deadline nicht zu reißen. Und die Kennzahlen sind gar nicht so schlecht").

Abwertung eigener Erfolge

Es wird Zeit, ein Gegenbild zu unserem Aschenputtel zu entwerfen. Kennen Sie Lara Croft, die Action-Heldin des gleichnamigen Computerspiel-Klassikers und der darauf basierenden Spielfilme? Wie würde Lara Croft ihre Leistungen nach außen vertreten? Wie würde sie über ihre Erfolge nachdenken?

Anti-Aschenputtel Lara Croft

Ich bin mir sicher, dass eine Lara Croft ihre Leistungen für sich reklamiert – und zwar ohne dabei arrogant zu wirken. Ich bin mir ebenfalls sicher, dass sie ihre Erfolge gedanklich ganz anders einordnet als unser Büro-Aschenputtel. Lara Croft hat ihren inneren Kritiker schon vor langer Zeit nach Hause geschickt – und zwar ohne dadurch unreflektiert zu werden. Sie weiß: „Ich darf zeigen, was ich geleistet habe, damit andere mich sehen. Und zwar so sehen, wie ich gesehen werden will. So erreiche ich meine Ziele und komme vorwärts."

Sie hat verstanden: Wichtiger, als einfach nur stupide die Arbeit zu machen, ist es, das Gesicht zu sein, dass mit der Arbeit assoziiert wird. Im Büroalltag bedeutet das, diejenige zu sein, die gegenüber Projektpartnern und Vorgesetzten über die Arbeit berichtet. Und es bedeutet, über die eigenen Leistungen zu sprechen.

Niemand wird als Lara Croft geboren. Man kann sich zu Lara Croft entwickeln. Zugegeben, das geschieht nicht von heute auf morgen. Aber auch hier steht am Anfang des Weges eine Entscheidung: Will ich gesehen werden? Ja oder nein? Wenn ich innerlich daran festhänge, dass Selbstdarstellung etwas Unanständiges ist, kann ich es auch gleich lassen. Dann muss ich aber die Nachteile in Kauf nehmen.

Will ich gesehen werden?

Nehmen wir einmal an, Sie möchten gesehen werden. Wie schaffen Sie es, das so charmant hinzubekommen wie Lara Croft? Wie können Sie Erfolge für sich reklamieren, ohne arrogant zu wirken? Lassen Sie uns gemeinsam einen Blick auf die Werkzeuge werfen, die in den Werkzeugkasten Ihrer Selbst-PR gehören. Beginnen wir mit denen, die am leichtesten zu benutzen sind.

Lob annehmen

Nehmen Sie Lob an! Wenn wir von Kollegen gelobt werden oder Komplimente bekommen, ist das Menschen mit einer Aschenputtel-Haltung oft peinlich. Sie glauben, das Lob relativieren zu müssen, oder fühlen sich gezwungen, ein Gegenkompliment auszusprechen. Dabei genügen ein Lächeln und ein einfaches „Danke für das Feedback / Kompliment! Das freut mich!“. Mehr müssen Sie tatsächlich nicht sagen. Sie können aber natürlich noch hinzufügen, dass die Aufgabe, für die Sie gelobt werden, tatsächlich nicht ganz leicht war und was Sie getan haben, um diese Arbeit gut zu erledigen. So machen Sie Ihre Leistung sichtbar.

Nehmen wir an, Ihre Chefin (Frau Schmidt) lobt, dass Sie einen schwierigen Kunden (Herrn Mayer) zufriedenstellen konnten. Als Aschenputtel hätten Sie dieses Lob möglicherweise noch relativiert. „Ich habe ja nur meinen Job gemacht. Und eigentlich ist der Herr Mayer ja ganz nett.“ Als Lara Croft hört sich das anders an: „Danke für das Feedback, Frau Schmidt. Der Herr Mayer war wirklich sehr aufgebracht. Ich bin dann nach dem Telefonat die Unterlagen durchgegangen. Das war Aufwand, aber so konnte ich herausfinden, wo das Problem wirklich lag, und Herrn Mayer eine gute Lösung anbieten.“

Machen Sie Ihre Leistung in Meetings sichtbar! Das bedeutet in einem ersten Schritt: Sorgen Sie dafür, bei Meetings zu wichtigen Themen und mit wichtigen Personen dabei zu sein. Finden Sie

Argumente dafür, warum ein Meeting sie betrifft, und bitten Sie die Veranstalter darum, Sie auf die Einladungsliste zu setzen. Wenn Sie im Meeting sind, dann sagen Sie dort etwas. Was Sie sagen werden, können Sie vorab schon vorbereiten (siehe „Fünfsatz-Argumentation" im Kapitel 5, *Sich durchsetzen und argumentieren im Meeting*) und sich in Stichworten aufschreiben. Ihr Redebeitrag muss nicht weltbewegend sein. Allein dadurch, *dass* Sie etwas sagen, machen Sie deutlich, dass Sie mitdenken und engagiert sind. Während Sie etwas sagen, gehen die Blicke der anderen zu Ihnen und Sie werden gesehen. Und das wollen Sie ja schließlich.

Im Meeting sichtbar werden

Noch besser ist es natürlich, wenn Sie im Meeting Arbeitsergebnisse präsentieren können, denn dann können Sie auch Ihre Leistung in Szene setzen. Nicht ausufernd lang, sondern kurz und präzise. So könnten Sie zum Beispiel sagen: „Im Mai haben wir ein großes Risiko gesehen, dass der Zeitplan aus dem Ruder gerät. Ich habe mir dann noch mal die Prozesse genauer angeschaut und eine Möglichkeit gefunden, wie sich der Prozess X so umstellen lässt, dass wir Zeit gewinnen. Diese Prozessumstellung habe ich dann umgesetzt und wir konnten den Zeitplan halten."

Arbeitsergebnisse präsentieren

Falls es Ihnen schwerfällt, so etwas aus dem Stegreif zu formulieren, dann gewöhnen Sie sich an, solche Formulierungen vorzubereiten. An welchen Stellen können Sie Ihre Leistung in Szene setzen? Mit welchen Formulierungen können Sie das tun? Beantworten Sie diese Fragen für sich, noch bevor das Meeting losgeht. Und noch eine Kleinigkeit: Stehen Sie auf, wenn Sie präsentieren – Sie möchten ja schließlich gesehen werden.

Sorgen Sie dafür, dass Sie als Experte für Ihre Kompetenzthemen gesehen werden. Welche Gesichter kommen Ihnen in den Sinn, wenn Sie an das Stichwort „Klimawandel" denken? Bei mir sind das Greta Thunberg und Al Gore. Und welches Gesicht erscheint vor Ihrem geistigen Auge, wenn es

In der Rolle des Experten sichtbar werden

um E-Autos geht? Bei mir ist das Elon Musk. Diese Menschen haben es geschafft, in Millionen von menschlichen Gehirnen neuronal direkt mit den Themen verknüpft zu sein, die sie bearbeiten. Sie können sich vorstellen, dass das für diese Personen Vorteile bietet. Wird irgendwo auf der Welt über die betreffenden Themen gesprochen – sagen wir auf einer Konferenz oder in einer Talkshow –, dann sind diese Personen die Ersten, die eingeladen werden. Man hört ihnen zu und ihr Wort hat Gewicht.

Nun müssen Sie nicht zur Greta Thunberg werden. Ich bin mir aber sicher, dass es auch in Ihrer Firma und in Ihrem Team Themen gibt, die mit Gesichtern verknüpft sind (oder sich damit verknüpfen lassen). Wer ist bei Ihnen in der Abteilung der Mann oder die Frau, wenn es um Datenschutz geht? Wer ist die Expertin für Gespräche mit schwierigen Kunden? Welcher Name kommt Ihnen in den Sinn, wenn es um einen bestimmten technischen Prozess oder um eine bestimmte Software geht?

Ich wette, dass auch Sie Kompetenzthemen haben, in denen Sie sich auskennen. Aber werden Sie auch schon als Experte für dieses Thema gesehen? Zum „angesehenen“ Experten zu werden, ist leichter, als Sie denken.

Lassen Sie Menschen wissen, dass Sie sich für das Thema interessieren und dass Sie Bücher zum Thema lesen oder sich anderweitig dazu weiterbilden. Diese Information können Sie ganz nebenbei in Pausengesprächen oder Sachdiskussionen fallen lassen.

Sorgen Sie dafür, dass Sie bei Meetings, die Ihr Kompetenzthema berühren, dabei sind. Äußern Sie sich zu Ihrem Kompetenzthema und rücken Sie es bei Gesprächen und Besprechungen in den Mittelpunkt. Geht es im Meeting zum Beispiel um die Anschaffung einer neuen Software und Sie wollen das Kompetenzthema „Datenschutz“ für sich aufbauen, dann sprechen Sie Datenschutzaspekte an (auch wenn sie eigentlich nicht auf der Agenda stehen).

Social Media nutzen

Schreiben Sie über Ihr Kompetenzthema. Nein! Sie müssen natürlich kein Buchautor werden, um als kompetent wahrgenommen zu werden. Aber wie wäre es, wenn Sie auf Xing oder LinkedIn ab und zu Artikel zu Ihrem Kompetenzthema teilen oder selbst einen Absatz dazu verfassen? Sie glauben, das interessiert keinen? Tun Sie es trotzdem! Es geht nicht darum, dass Tausende von Menschen Ihre Postings von oben bis unten lesen. Es geht darum, dass Sie ein Thema besetzen. Gibt es bei Ihnen in der Firma ein Firmenmagazin, so eine Art Hauszeitschrift? Alle Firmenmagazine, die ich kenne, suchen ständig händeringend nach Autoren. Schreiben Sie über Ihr Kompetenzthema. Damit werden Sie endgültig und für alle sichtbar zum Experten für dieses Thema in Ihrer Firma. Wer als Experte gilt, kann sich deutlich leichter durchsetzen. Und zwar in der Regel vollkommen ohne Ellenbogen.

Bereiten Sie einen Elevator Pitch vor. In einem Elevator Pitch geht es darum, in etwa 60 Sekunden auf den Punkt zu bringen, wer man ist und wofür man steht. Nehmen wir an, Sie befinden sich im Erdgeschoss Ihres mehrstöckigen Firmengebäudes und betreten gerade den Fahrstuhl (englisch „elevator"), um nach oben zu fahren. Da stellen Sie fest, dass sich im Fahrstuhl bereits Ihre neue Abteilungsleiterin befindet, die in der Tiefgarage eingestiegen ist. Sie haben sich Ihrer Abteilungsleiterin, die erst seit wenigen Wochen da ist, noch nicht persönlich vorgestellt. Sie wissen aber, dass diese Abteilungsleiterin demnächst entscheiden wird, wer die Projektleitung eines spannenden Projekts übernimmt. Sie hätten diese Projektleitung gerne. Mit welchen Worten stellen Sie sich vor, während der Fahrstuhl nach oben fährt, um Ihre Chancen auf die Projektleitung zu steigern?

Elevator Pitch

Einen Elevator Pitch kann man vorbereiten. Natürlich sollte der Pitch an die konkrete Situation und den konkreten Gesprächspartner angepasst sein. Aber wenn Sie einen allgemeinen Pitch, der Ihre Person gut zur Geltung kommen lässt, einmal vorbereitet und verinnerlicht haben, bin ich mir sicher, dass Ihnen diese spontanen Anpassungen im Zweifelsfall auch aus dem Stegreif gelingen.

Was sind also die typischen Bestandteile eines Elevator Pitchs? Ein Pitch beinhaltet normalerweise die folgenden Punkte:

- Meinen Namen, meine Position, meinen Tätigkeitsschwerpunkt und frühere Erfolge.
- Den Grund, weswegen ich mein Gegenüber anspreche. Das, was Sie von Ihrem Gegenüber wollen (zum Beispiel die Projektleitung). Seien Sie mutig und kommen Sie schnell auf den Punkt. Drucksen Sie nicht herum.
- Die Frage: Was hat mein Gesprächspartner davon? Womit kann ich sie oder ihn weiterbringen?
- Eine Aufforderung zum Handeln.

Klingt Ihnen das zu abstrakt? Dann kommt hier ein konkretes Beispiel:

„Guten Morgen, Frau Schmidt! Wir kennen uns noch gar nicht persönlich, aber ich bin bei Ihnen in der Abteilung und verantworte dort das Thema XY. Evelyn Mayer mein Name."

Abteilungsleiterin: „Hallo, Frau Mayer! Schön, dass wir uns jetzt kennenlernen."

„Das freut mich auch sehr. Ganz besonders, weil ich in den letzten Jahren als stellvertretende Projektleiterin das Projekt X vorwärtsgetrieben habe. Wahrscheinlich haben Sie von dem Projekt schon gehört. Es ging um XYZ. Vor zwei Monaten haben wir es erfolgreich abgeschlossen und von unserem Kunden einen noch größeren Folgeauftrag erhalten, der jetzt auf Ihrem Schreibtisch liegt."

„Ja, stimmt. Das liegt bei mir auf dem Schreibtisch."

„Vermutlich entscheiden Sie dann demnächst auch darüber, wem Sie die Projektleitung übertragen. Ich habe sehr viel Lust darauf, dieses Projekt zu übernehmen und an das anzuknüpfen, was wir für unseren Kunden schon bei Projekt X geleistet haben. Sie hätten damit jemanden in dieser Position, der sich nicht erst einarbeiten muss und gute Beziehungen zu allen Beteiligten hat. Sicher möchten Sie sich dazu erst mal Ihre eigenen Gedanken machen. Ich würde mich aber freuen, wenn wir uns in ein paar Wochen einmal zu dem Thema zusammensetzen könnten."

„Ja, sicher. Im Moment habe ich noch andere Dinge, um die ich mich kümmern muss, aber melden Sie sich doch bei meiner Teamassistenz und bitten Sie um einen Termin in drei Wochen. Dann können wir darüber sprechen."

Wie Sie sicher bemerkt haben, kann ein Elevator Pitch von Dialogelementen durchzogen sein (das ist sogar besser als ein Monolog!), und die vier oben angesprochenen Punkte können in der Reihenfolge variieren und ineinanderfließen. Das Wichtigste ist aber: Zumindest den ersten Teil des Pitchs können Sie einmal vorbereiten und dann quasi immer und überall verwenden. Dabei ist es ganz egal, ob Sie auf einer Messe einen potenziellen Geschäftspartner kennenlernen oder bei der Vorstellungsrunde in einem Workshop ein paar Worte über sich verlieren sollen.

Benutzen Sie Geschichten, um mit Ihren Erfolgen und positiven Eigenschaften in Erinnerung zu bleiben. Nehmen wir einmal an, Sie möchten, dass Ihr Chef weiß, dass Sie unternehmerisch denken, sehr engagiert, lösungsorientiert und flexibel sind und dass Sie proaktiv Probleme abstellen, noch bevor Schaden entsteht. Es ist sicher keine leichte Aufgabe, diese positiven Eigenschaften im Hirn Ihres Chefs zu verankern. Denn eines ist klar: Direkt ansprechen können Sie es nicht. Stellen Sie sich einmal vor, wie es ankäme, wenn Sie es versuchen würden: „Herr Schmidt, übrigens, ich denke superunternehmerisch und bin dazu noch total engagiert ..." Das würde wohl nach hinten losgehen.

Storytelling

Aber Gott sei Dank gibt es andere Möglichkeiten. Nehmen wir einmal an, Sie arbeiten in der Redaktion eines großen Jugendmagazins und sind für die Organisation von Fotoshootings zuständig. Sie kommen an einem Montagnachmittag etwas abgehetzt zu einem Meeting mit Ihrer Chefin. Die fragt Sie, ob alles okay ist. Daraufhin erzählen Sie diese Geschichte:

„Alles okay, Frau Schmidt. Es war nur gerade etwas stressig. Sie wissen ja, heute Morgen sollte das Fotoshooting für unsere Aufklärungskolumne gemacht werden. Jetzt lag ich gestern – also Sonntagnachmittag – im Freibad und da kommt ein Anruf von der Frau Jung. Die hat gesteckt bekommen, dass das Model für unser Shooting heute am Montag angeblich in mehreren Pornofilmen mitgemacht hat. Sie können sich ja vorstellen, was es für uns bedeuten würde, wenn wir einen Pornodarsteller im Heft gehabt hätten und das publik geworden wäre. Die Eltern würden die Abonnements kündigen. Ich habe dann noch aus dem Freibad ein paar Telefonate gemacht, um den Gerüchten auf den Grund zu gehen. Da war ziemlich schnell klar, dass das nicht nur Gerüchte sind. Dann habe ich aus dem Freibad noch ein paar meiner Kontakte angerufen und tatsächlich einen kurzfristigen Ersatz für das Shooting heute Morgen gefunden. Das hat dann auch alles wunderbar geklappt, die Bilder sind im Kasten. Und jetzt gerade komme ich von einer Besprechung mit unserer Rechtsabteilung. Die habe ich gleich nach dem Shooting angerufen und gesagt, dass wir in Zukunft eine Klausel in unsere Modelverträge aufnehmen müssen, wo die Models unterschreiben müssen, dass sie für keinen Schmuddelkram vor der Kamera stehen oder standen. Damit wir nie wieder in so eine Situation kommen. Das hätte ja böse ins Auge gehen können ..."

Falls Sie sich über diese Geschichte wundern: Sie stammt von einer meiner Seminarteilnehmerinnen. Ich habe sie hier jedoch so weit verändert wiedergegeben, dass die Anonymität dieser Teilnehmerin gewahrt bleibt. Aber in den Grundzügen ist sie so passiert und im Seminar erzählt worden. Lassen Sie uns kurz darüber nachdenken, was diese Geschichte über die Erzählerin aussagt.

Die Erzählerin erhält den Anruf in ihrer Freizeit, an einem Sonntagnachmittag. Und ihr ist sofort klar, welche Gefahr für das Unternehmen besteht. Sie denkt also unternehmerisch. Sie ist engagiert, lösungsorientiert und flexibel, denn sie bemüht sich, noch aus dem Freibad heraus eine Lösung zu finden. Und sie handelt proaktiv, denn sie sorgt für einen entsprechenden Paragrafen in den zukünftigen Modelverträgen.

Geschichten verankern positive Eigenschaften

All diese positiven Eigenschaften hat die Erzählerin mit ihrer Geschichte im Kopf ihrer Chefin festgeklebt. Und zwar vollkommen unaufdringlich und extrem charmant. Wie lange, glauben Sie, wird sich diese Chefin an die Geschichte dieser Mitarbeiterin erinnern? Mir ist sie auch nach vielen Jahren noch vollkommen präsent. Geschichten sind geistiger Klebstoff. Welche Geschichten können Sie erzählen, um in den Köpfen Ihrer Zuhörer festzukleben, wer Sie sind, was Sie können und was Sie geleistet haben?

Auf den Punkt gebracht:

- Dass Sie etwas leisten, heißt noch lange nicht, dass andere wahrnehmen, was Sie leisten. Insbesondere Ihr Chef weiß in der Regel nicht, was Sie leisten, wenn Sie es für ihn nicht sichtbar machen.
- Nehmen Sie Lob und Komplimente an, ohne zu relativieren, was Sie geleistet haben.
- Melden Sie sich in Meetings zu Wort, um wahrgenommen zu werden. Machen Sie Ihre Leistung in Meetings sichtbar.
- Sorgen Sie dafür, dass Sie als Experte für Ihre Kompetenzthemen gesehen werden.
- Bereiten Sie einen Elevator Pitch vor.
- Benutzen Sie Geschichten, um mit Ihren Erfolgen und positiven Eigenschaften in Erinnerung zu bleiben.

6. Ansehen und Status

In den vorangegangenen Kapiteln haben Sie eine ganze Reihe an Werkzeugen für mehr Durchsetzungsfähigkeit kennengelernt. Und Sie haben gelernt, wie Sie diese Werkzeuge gekonnt benutzen, um zu bekommen, was Sie möchten, ohne dabei Porzellan zu zerschlagen und Beziehungen zu gefährden.

Trotzdem fehlt noch ein sehr wichtiges Element. Denn es kommt nicht nur darauf an, dass Sie die Werkzeuge der Durchsetzungsfähigkeit geschickt anwenden können. Es kommt auch darauf an, ob Ihr Umfeld von Ihnen Durchsetzungsstärke erwartet und Ihnen abnimmt, dass Sie sich durchsetzen werden. Letztendlich wird die Frage, mit welchen Erwartungen Ihnen die Menschen in Ihrem Umfeld gegenübertreten, darüber bestimmen, mit wie viel Rücken- oder Gegenwind Sie in jeder einzelnen Situation zu rechnen haben. Denn in jeder Gruppe gibt es formelle oder informelle Rangfolgen, die darüber bestimmen, wer was darf – oder eben nicht darf.

Einstellungen und Erwartungen des Umfelds

Stellen Sie sich vor, Sie würden über Nacht zum Vorstandsvorsitzenden Ihrer Firma befördert, vom englischen König zum Duke of York ernannt oder vom Sultan von Brunei als Thronfolger adoptiert. Durch diese simple Geste erhalten Sie ein neues Ansehen, einen neuen Status. Menschen, die davon wissen, würden Ihnen nun anders begegnen. Die Werkzeuge der Durchsetzungsstärke müssten Sie nun in den meisten Situationen vermutlich gar nicht mehr auspacken. Es würde genügen, dass Sie andeuten, was Sie möchten – und Sie würden es sehr oft ohne jeglichen Widerstand bekommen.

Leider ist es sehr unwahrscheinlich, dass Sie der Sultan von Brunei zum Thronfolger macht. Sie können kaum damit rechnen, dass Ihr formaler Status einfach so aufgewertet

Formaler und informeller Status

wird. Trotzdem ist das Thema Ansehen und Status hier im letzten Kapitel dieses Buches für uns wichtig. Denn es gibt nicht nur den formalen Status, der mit Titeln, Berufsbezeichnungen und der Position eines Menschen im Firmen-Organigramm zusammenhängt. Es gibt auch den informellen Status, der – ob Sie es wollen oder nicht – jeden Tag aufs Neue ausgehandelt wird. Ihr Ansehen und Ihren informellen Status können Sie durch Ihr Handeln beeinflussen. Oder besser gesagt: Egal, was Sie tun, Sie beeinflussen Ihren Status auf jeden Fall, wenn Sie mit einem anderen Menschen kommunizieren, selbst wenn das gar nicht Ihre Absicht ist.

Stellen Sie sich vor, Sie sind neu in der Firma und müssen nach dem Weg zur IT-Abteilung fragen. Wie formulieren Sie Ihre Frage?

Status in der Alltagskommunikation

Sie könnten so beginnen: „Entschuldigen Sie, ich kenne mich hier leider gar nicht aus und muss zur IT-Abteilung. Könnten Sie mir bitte sagen, wie ich da am schnellsten hinkomme?" Das ist höflich und sicher bekommen Sie auf diese Bitte eine hilfreiche Antwort. Gleichzeitig gehen Sie durch diese Frage auch in einen sogenannten Tiefstatus. Sie stellen sich als hilfsbedürftig dar und bitten um Unterstützung.

Sie könnten Ihre Frage auch so formulieren: „Hallo, sagen Sie mir doch bitte den schnellsten Weg zur IT-Abteilung." Jetzt haben Sie gerade eine Anweisung erteilt. Höflich, aber bestimmt. Sie sind in den sogenannten Hochstatus gegangen. Wer in Ihrer Firma würde so sprechen? Ich bin mir sicher, wenn Sie so angesprochen werden, glauben Sie automatisch, eine hohe Führungskraft (vielleicht die Vorstandsvorsitzende?) vor sich zu haben.

In jeder noch so banalen Situation werden also Ansehen und Status verhandelt. Wenn Sie nach dem Weg fragen genauso wie wenn Sie entscheiden, ob Sie oder Ihr Gegenüber zuerst durch die Tür tritt.

Sollten Sie nun darauf achten, bei Ihren Handlungen und Gesprächen immer im Hochstatus zu bleiben? Definitiv nicht! Auch eine (kluge) Vorstandsvorsitzende wird das nicht tun. Wer dauerhaft Hochstatus für sich reklamiert, wirkt arrogant.

Hoch- und Tiefstatus wechseln

Beziehungen werden beschädigt, weil der Hochstatus des einen den anderen automatisch in den Tiefstatus drängt. Auf die Dauer kann das nicht gut gehen.

Deshalb gibt es das Konzept der Statuswippe. Es stammt von Keith Johnstone, einem Begründer des modernen Improvisationstheaters. Johnstone geht davon aus, dass wir im Alltag wie auf einer Wippe immer wieder zwischen Hochstatus und Tiefstatus wechseln müssen, damit stabile Beziehungen zustande kommen und konstruktive Gespräche möglich sind. Niemand kann dauerhaft nur eine Seite der Wippe bedienen und damit glücklich werden.

Trotzdem haben Menschen meistens gewisse Statuspräferenzen. Sie verbringen mehr Zeit auf der einen Seite der Wippe als auf der anderen. Tina, die Sie auf den ersten Seiten dieses Buches kennengelernt haben, war definitiv auf Tiefstatus gepolt. Und wer die meiste Zeit im Tiefstatus bleibt, hat wenig Chancen, sich durchzusetzen.

Statuspräferenzen sind üblich

Es kann durchaus sinnvoll sein, in den Tiefstatus zu gehen, wenn Sie nach dem Weg fragen. Sie sollten aber nicht dauerhaft im Tiefstatus hängen bleiben. Und Sie sollten wissen, wie Hochstatus funktioniert, um auch diese Seite der Wippe bedienen zu können.

Aber wie genau entstehen Ansehen und Status eigentlich? Viele Dinge, die Sie in diesem Buch gelernt haben, zahlen auf Ihr Ansehen und Ihren Status ein. Im Kapitel 2, *Haltungsschäden* haben Sie Ihren Rechtekatalog der Durchsetzungskraft erarbeitet. Das ist wichtig, denn Status entsteht zunächst aus einem Gefühl in unserem Inneren heraus. Dem Gefühl, das Recht zu haben, in einer bestimmten Situation in einer bestimmten Art auftreten und handeln zu dürfen. Die Vorstandsvorsitzende weiß, dass sie das Recht hat, Anweisungen zu formulieren. Immerhin ist sie die Vorstandsvorsitzende. Von diesem Recht ist sie innerlich überzeugt. Aus diesem Gefühl heraus wird sie sehr oft – auch wenn sie nach dem Weg fragt – Worte wählen, die sie in den Hochstatus bringen. Am Anfang steht also das Gefühl, das Recht zu haben, sich durchzusetzen. Ein hoher Status entsteht

Wie Status entsteht

aus dem inneren Gefühl heraus, ein Recht darauf zu haben, sich durchzusetzen, und mit Ihrem Rechtekatalog der Durchsetzungskraft haben Sie dafür das Fundament gelegt.

Ebenfalls im Kapitel 2, *Haltungsschäden* war die Rede davon, dass Sie damit beginnen sollten, in kleinen Alltagssituationen eine durchsetzungsstarke Haltung einzunehmen.

Haltung in Alltagssituationen

Die Frage, in welches Restaurant Sie mit Freunden zum Essen gehen, ist eine solche kleine Alltagssituation, bei der nicht besonders viel schiefgehen kann und bei der es sehr wahrscheinlich ist, dass Sie sich respektvoll durchsetzen werden. Wenn Sie heute keine Lust darauf haben, italienisch zu essen, dann machen Sie das Ihren Freunden auf höfliche Art und Weise klar und deutlich. Seien Sie stark und lassen Sie sich nicht dazu überreden, doch in der Pizzeria vorbeizuschauen, sondern formulieren Sie Ihre konkrete Forderung: „Wir waren in der letzten Zeit schon oft beim Italiener. Ich möchte heute gerne zum Griechen!" So schaffen Sie sich selbst Erfolgserlebnisse. Erst diese Erfolgserlebnisse erfüllen Ihren Rechtekatalog der Durchsetzungskraft mit Leben. Ihre Erfolgserlebnisse geben Ihnen das Gefühl, dass Sie sich wirklich durchsetzen dürfen – und können. Und aus diesem Gefühl heraus resultieren in einem zweiten Schritt Ihr Ansehen und Ihr Status.

Solche kleinen Erfolge verändern, wie Ihr Umfeld Sie wahrnimmt. Wer sich oft in kleinen Dingen durchsetzen konnte, dem traut man auch das Sichdurchsetzen in wichtigeren Angelegenheiten zu. Jeder kleine Punktsieg bei banalen Alltagsdingen steigert also auch in dieser Hinsicht die Wahrscheinlichkeit, dass Sie beim Durchsetzen von größeren und wichtigeren Dingen keine Ellenbogen brauchen und trotzdem Erfolg haben werden.

Auch die Tätigkeiten, die Sie ausüben, wirken auf Ihr Ansehen zurück. Erinnern Sie sich noch daran, wie Tina im Kapitel 2, *Wie es nicht gelingt, sich durchzusetzen* lange Tage

Tätigkeiten bestimmen Ansehen

im dunklen Archiv-Raum nach verschwundenen Akten recherchierte, vor dem Meeting für alle Kaffee kochte und wie die Protokollführung ganz selbstverständlich auf sie abgeschoben wurde? Vielleicht ist sie zudem auch erste Anlaufstelle bei banalen kleinen IT-Problemen und wenn das Excel-Spreadsheet wieder komische Sachen macht – schließlich hat sie ja „irgendwas mit IT“ studiert. Diese Aufgaben, die sonst niemand machen möchte, sind mit einem niedrigen Status verbunden. Wer sich immer wieder für so etwas hergibt, der sinkt in der informellen Hierarchie des Teams.

Das heißt nicht, dass Sie niemals Kaffee kochen dürfen und sich mit Händen und Füßen dagegen wehren müssen, Protokoll zu führen oder Kollegen bei IT-Problemen zu helfen. Stellen Sie aber sicher, dass diese Aufgaben nicht routinemäßig an Ihnen hängen bleiben. Sorgen Sie dafür, dass Sie auch Aufgaben bekommen, die mit einem hohen Status verbunden sind. Zum Beispiel das Präsentieren von Ergebnissen und das Berichten an Vorgesetzte.

Möglicherweise sind Ihnen diese Aufgaben unangenehm, weil Sie dafür Ihre Komfortzone verlassen müssen. Übernehmen Sie sie trotzdem. Mit der Zeit dehnt sich Ihre Komfortzone aus – und Sie gewinnen einen höheren Status, ein größeres Ansehen.

Status färbt ab

Denn auch die Menschen, mit denen Sie zu tun haben, wirken sich auf Ihr Ansehen und Ihren Status aus. Stellen Sie sich vor, nach einer offiziellen Veranstaltung gibt es Sekt und ein Buffet. Menschen stehen in Gruppen zusammen und unterhalten sich. In welcher Gruppe stehen Sie? Unterhalten Sie sich mit den Werkstudenten, weil die so locker und nett sind? Das kann ich gut nachvollziehen und natürlich dürfen Sie das. Es lohnt sich aber auch, sich ab und zu mit den hohen Tieren sehen zu lassen und an ihren Gesprächen teilzunehmen.

Denn Ansehen und Status färben nachweislich ab. Sie erhöhen Ihr Ansehen, wenn Sie von Menschen mit einem hohen Status umgeben sind. Und je mehr Ansehen und Status Sie haben, desto leichter können Sie auf Ellenbogen verzichten.

Statussymbole wirken

Beim Thema Status denken die meisten Menschen an Statussymbole. Das sind Dinge, die mit Status aufgeladen sind (ein großes, PS-starkes schwarzes Auto) und von denen wir hoffen, dass sich der Status auf uns als Person überträgt, wenn wir sie besitzen. Vermutlich würden auch Sie einen Anwalt, der mit einem schwarzen BMW vorfährt, für kompetenter halten als einen, an dessen VW Polo der Rost nagt. Jedenfalls dann, wenn es von der Leistung dieses Anwalts abhängt, ob Sie freigesprochen werden oder lebenslänglich hinter Gittern landen. Und zwar obwohl Sie sehr genau wissen, dass sich jeder, der Geld hat, einen BMW kaufen kann, Kompetenz aber leider nicht käuflich ist. Sie wissen also, dass Sie einem Vorurteil aufsitzen – und glauben trotzdem an die größere Kompetenz des Statussymbol-Besitzers.

Vermutlich möchten Sie sich trotzdem kein neues Auto kaufen. Müssen Sie auch gar nicht. Manchmal kann es aber sinnvoll sein, zum Beispiel Kleidung oder andere kleine Statussymbole bewusst zu nutzen, um den eigenen Status zu unterstreichen. Forscher der Universität von Texas steckten 1955 einen Mitarbeiter in einen schicken Anzug mit Krawatte und ließen ihn über eine rote Fußgängerampel laufen. Dem Anzugträger liefen dreieinhalb Mal mehr Menschen über die rote Ampel nach als ein paar Minuten zuvor, als derselbe Mitarbeiter in normaler Kleidung schon einmal über dieselbe rote Ampel gegangen war.

Neue Rolle durch Symbole unterstreichen

Gerade wenn Sie aus dem Team heraus in eine Führungsposition aufgestiegen sind (formaler Status), Sie aber fürchten, von den Teammitgliedern nicht als Chef akzeptiert und weiterhin als Kollege behandelt zu werden (informeller Status), dann macht es Sinn, den neuen Status durch Symbole sichtbar zu machen. Schauen Sie sich einmal um. Was haben oder tragen die Führungskräfte in Ihrem Unternehmen, das ihren Status als Führungskraft unterstreicht? Falls Sie in der Software-Branche arbeiten und auch die Führungskräfte im T-Shirt zur Arbeit kommen, dann ist es möglicherweise nicht die Kleidung, die Status sichtbar werden lässt, sondern der Laptop, das Smartphone oder das Eckbüro mit den großen Fenstern.

Nicht im Abseits stehen

Auch die Position, die Sie im Raum einnehmen, beeinflusst Ihren Status. Stehen

Sie nicht im Abseits. Wenn Sie sprechen oder eine Teamsitzung moderieren, dann sorgen Sie dafür, dass Sie gesehen werden. Stehen Sie auf. Kommen Sie in die Mitte des Raumes. Stehen Sie im Zentrum.

Manchmal sind es kleine Gesten, die Status sichtbar machen. Bei Politikern kann man das wunderschön beobachten. Vor einigen Jahren traf sich Donald Trump mehrmals zu Verhandlungen mit dem nordkoreanischen Diktator Kim Jong-un. Auf YouTube können Sie sich die Mitschnitte der gemeinsamen Auftritte der beiden Staatsmänner vor der Presse anschauen. Als die beiden bei einem Treffen an der Demarkationslinie, die Nord- von Südkorea trennt, von unterschiedlichen Seiten aufeinander zulaufen, bleibt Trump nach einigen Schritten stehen und lässt Kim die letzten Schritte auf ihn zugehen. Er steht, der andere muss sich bewegen, um zu ihm zu kommen. Er macht durch diese einfache Geste klar, dass er im Hochstatus ist.

Gesten schaffen Ansehen

Als Kim endlich bei ihm angekommen ist, schüttelt er ihm mit seiner Rechten die Hand, während er seine linke Hand sofort auf Kims Schulter legt. Wer anderen die Hand auf die Schulter legt (oder beim Schütteln der Hand die zweite Hand auf dem Oberarm des Gegenübers platziert), macht klar, dass er im Hochstatus ist. Bei einem anderen Treffen legt er Kim seine Hand in den Rücken, um ihn sanft in Richtung der Kameras zu drehen. Wer andere herummanövriert, ist sichtbar im Hochstatus.

All diese Gesten scheinen freundlich. Aber während ich die Videos anschaue, bin ich aufs Neue erstaunt darüber, wie deutlich hier durch Kleinigkeiten zum Ausdruck gebracht wird, wer die Situation dominiert.

Sie müssen nicht zu einem Donald Trump werden, um sich durchzusetzen. Aber möglicherweise treffen Sie im beruflichen oder privaten Leben einmal auf einen Mini-Trump, der das gleiche Spiel mit Ihnen spielen möchte, um sie klein aussehen zu lassen. Lassen Sie nicht zu, dass man Ihnen den Status abgräbt und Ihr Ansehen unterminiert. Legt man Ihnen die Hand auf die

Sich nicht herumschieben lassen

Schulter oder den Oberarm, genügt es schon, die Geste zu erwidern, um den eigenen Status zu verteidigen. Und lassen Sie sich nicht herumschieben oder ins Abseits stellen.

Auf den Punkt gebracht:

- Unser Status bestimmt, inwieweit uns andere das Recht zugestehen, uns durchzusetzen.
- Informeller Status wird jedes Mal, wenn wir mit anderen kommunizieren, neu ausgehandelt.
- Status entsteht zunächst im Inneren. Er entspricht dem Gefühl, zu etwas berechtigt oder nicht berechtigt zu sein.
- Die Erfahrung, sich in kleinen Alltagsdingen durchgesetzt zu haben, stärkt Ihre Zuversicht, dass Ihr Rechtekatalog der Durchsetzungskraft umsetzbar ist. Gleichzeitig verändern solche kleinen Erfolge auch, wie Ihr Umfeld Sie wahrnimmt, und erhöhen so Ihren Status.
- Bestimmte Tätigkeiten (Kaffee kochen) sind mit niedrigem Status verbunden, während andere (Ergebnisse präsentieren) mit hohem Status verbunden sind.
- Status färbt ab. Wenn Sie häufig Umgang mit Personen mit hohem Status haben, steigert das auch Ihren Status.
- Gerade wenn Sie zur Führungskraft ernannt worden sind, können kleine Statussymbole (zum Beispiel Kleidung) Ihren informellen Status erhöhen.
- Status hat viel mit Aktivität zu tun. Stehen Sie nicht im Abseits. Wenn Sie körperlich berührt werden, dann berühren Sie zurück. Wenn Ihre Aussagen kommentiert werden, dann kommentieren Sie zurück.

Literaturempfehlungen

Berckhan, Barbara: Die etwas gelassenere Art, sich durchzusetzen. Ein Selbstbehauptungstraining für Frauen. München: Wilhelm Heyne, 1995

Borbonus, René: 30 Minuten. Sich durchsetzen. Offenbach: GABAL, 2014

Dölz, Susanne / Kauffmann, Carmen: Sich durchsetzen. Planegg: Haufe, 2015

Frankl, Viktor: ... trotzdem Ja zum Leben sagen. Ein Psychologe erlebt das Konzentrationslager. München: Kösel-Verlag, 2009

Nöllke, Matthias: Machtspiele. Die Kunst, sich durchzusetzen. Planegg: Haufe, 2007

Portner, Jutta: Besser verhandeln. Das Trainingsbuch. Offenbach: GABAL, 2010

Possehl, Gianna / Kittel, Frank / Adamczyk, Gregor: Sich durchsetzen. Freiburg: Haufe, 2014

Schnack, Natalie: 30 Minuten. Selbstbehauptung. Offenbach: GABAL, 2013

Skiba, Carolin: Sich durchsetzen – aber richtig! 5 Strategien für mehr Erfolg im Beruf. Frankfurt a. M.: Fischer, 2011

Zander, Ute: Selbstbewusst auf Augenhöhe. Souverän auch in heiklen Situationen. Heidelberg: mvg Verlag, 2007

Über den Autor

Dr. Florian Pressler ist freiberuflicher Rhetorik- und Kommunikationstrainer, Lehrtrainer für Verhandlungsführung an der Universität Augsburg und Gewinner nationaler Rhetorik- und Redewettbewerbe. Seit mehr als 15 Jahren vermittelt er sein Wissen locker, anschaulich und praxisnah in Seminaren und Vorträgen.

Er ist davon überzeugt, dass Trainings und Keynote-Speeches nicht nur fachlich fundiert sein sollen, sondern vor allem Spaß machen müssen. Nur wenn Teilnehmende Spaß haben, sich einbringen können und entspannt sind, können sie sich voll und ganz auf Inhalte einlassen. Deshalb sorgt Florian Pressler für humorvolle Vorträge und kurzweilige Workshop-Tage in einer Seminar-Atmosphäre, in der man sich wohlfühlt und in der die Freude am Lernen nicht zu kurz kommt.

Auch auf seinem YouTube-Kanal IDEENverstehen gelingt es ihm, komplexe Sachverhalte aus den Bereichen Rhetorik, Kommunikation, Psychologie und Persönlichkeitsentwicklung verständlich und anschaulich zu präsentieren.

Kontakt:
info@florian-pressler.de
www.florian-pressler.de